U0023212

公 司 治 理

作者：易明秋

弘智文化事業有限公司

序

公司治理是一個令人著迷的領域。

公司治理與傳統的管理學不同，因爲管理學很少談論公司管理階層與市場的利益衝突，尤其是跟股東的關係，也就是管理學視公司是一個先驗命題。公司治理也與傳統會計學不同，因爲會計學很少談論會計師與會計制度的實際運作對市場產生的衝激。公司治理也與傳統財務學不同，因爲財務學很少談論財務模型對社會公平性的影響，是不含價值判斷的科學。公司治理也與傳統法律學不同，因爲法律學在規範面上缺乏精細的指標建立市場的制度。公司治理也與傳統經濟學不同，因爲經濟學很少注意公司內部構成員與外部的互動。

但近二十年來，由於各種領域的專家，體驗到企業的動態與多面向在社會上所產生的各種問題，開始重視公司治理這門討論公司行爲與組織的參與者的複雜互動體系。更淺顯的說法，是因爲證券市場產生了種種大弊端或事件，非得建立一套合理說明的架構不可。

所以，公司治理是各個領域的整合性研究，歡迎各路好漢一起來參與。不過，由於公司治理是有價值判斷的，公司治理的目標是爲全體大眾謀取最大福利（雖然這個前提本身就可能有許多定義上的衝突），而必須要透過國家的法律制度加以實現（這也是爲什麼公司治理在七十年前是由公司法的探討而發端，而長久以來是公司法學者獨立研究的主題），是以公司治理最後會變成法律問題。

但要說明的是，公司治理起源於美國，最近十年才真正影響到其他國家的市場制度。美國的證券市場有其特色與社會背景，而公司治理多少反應了美國的法律人將政府的管理，特別是制衡(checks and balances)這種政治學理念轉化在資本市場中，故稱之爲「治理」(governance)，研究者不可不察。

我個人由衷的期盼，在台灣對公司治理的研究，絕對不能只是曇花一現，當證券市場在社會經濟上日趨重要時，公司治理對大多數人而言其實是利害相關的。如果我們願意在總統以及各種民意代表的選舉上都有一定的參與度，對於我們投資如此多金錢的上市上櫃公司，爲什麼不應該有更強的監督（當然這是本書的主題之一，我們的法制有多少讓投資人參與監督的機會）？

個人治公司治理已十有一年，時間雖不算長，但從教學研究以及實務工作的經驗來看，台灣的公司以及投資人在證券市場上都還有太多需要學習的地方，此即個人出書的目的。

但個人才疏，書中自有不及之處仍待各界指正。本書之完成，要感謝的人很多，無法一一列出，但特別要感謝謝棟梁兄與李茂興兄對於出書的大力協助，而賓州大學法學院 Edward Rock 教授，是他帶領我進入此一深奧但有趣的學術領域，並在我寫作過程中給我許多啓示，亦深表感謝。最後將本書獻給我敬愛的父母。

易明秋

2003 年 6 月於台北

公司治理

易明秋

目次

第一章　導論

「長久以來，我們往往只注意所謂『管理』問題，而對於管理背後或支配『管理』的『統理』未加重視。目前由於發生於企業的『統理』問題的暴露，才開始喚醒我們對於現代社會中所存在這一層現實問題的重視・・・・」

許士軍，商業週刊第 798 期

「公司治理」（corporate governance），或譯為「公司統理」、「公司控制」、「公司監控」、「公司監理」等，其實其定義與範圍並不明確，一般而言，是指公開發行公司的結構下，所有主要構成員（包括董事、監察人、經理人與股東）之間的利益、成本與風險上的相互制衡關係。如以淺明的方法講，就是避免任一方的權力太大，造成股東的損失或是經營的無效率。可以說，現代公司法制的設計，必須依循公司治理的原則，否則企業必然產生無謂的交易成本，累積下來，則是全國經濟產出的總損失。

公司治理原來只是美國公司法學者與實務上所關心的課題，在一九七〇年代以後，法律經濟學逐漸成形，使得經濟學者開始對此一課題產生興趣，至一九八〇年代以後，由於購併的氾濫，變成美國企業界的重要課題，企業管理的實務與理論上開始也紛紛探討，甚而在九〇年代後，美國公司治理的理念開始影響海外，甚至國際組織也嘗試引取美國的觀念介紹給新興經濟體，而海峽兩岸，不論是政府、學界與業界，也都開始注意。而台積電的董事長張忠謀在許多公開場合表示公司治理對企業的重要性，更是使得台灣開始有一股公司治理熱出現。

本此，本書期待給讀者公司治理的基本觀念與分析。公司治理的理論看似簡單，但在應用上則有許多的困難，在下面各章中我們將會看到。但首先我們還是從公司治理理論的形成歷史來看公司治理的一些特色與背景因素。

所有權與經營權之分離

根據二〇〇二年的統計，中國鋼鐵公司的股東有四十五萬七千四百一十三人，持有中鋼股票十張的老王，很驕傲的表示他貢獻了公司發展的資金，還可參加股東會選出經營者，所以他是中鋼的老闆。他是嗎？

早期的實證發現

一九三二年，一位美國著名的法律學者，哥倫比亞大學法學教授伯理（Adolph A. Berle）與經濟學者明斯（Gardiner C. Means）發表了一部鉅著—「現代股份公司與私有財產」（Modern Corporation and Private Property）[1]，這本書歸納一九二〇年代的美國，國家的財富已經集中在少數的大型企業上，而這些公司的所有權與經營權逐漸分離，而構成美國經濟社會的主力。

他們的分析結果主要有下：

1. 一九三〇年，前二百大非金融業的公司，每家資產都超過一億美元，十五家超過十億美元。總資產達八百一十億美元，約合美國全體公司財產之半數。換言之，經濟力已相當集中。
2. 同時間，這些公司的所有權也開始分散。一九二五年聯邦貿易委員會對四三六七家公司作統計，董事經理人的持股約佔全體公司股份的八分之一（一二・五%），而價值不到二百萬美元。若區分普通股與優先股，平均持有公司全部普通股的十・七%與優先股的五・八%。公司的規模愈大，股權的分散愈高，經營者的持股比率愈低，譬如鐵路業是一・四%，礦業是一・八%（這兩種產業是當時美國的規模產業）。如AT&T（美國電話電報公司）在一九三一年的股東數是六十四萬二千一百八十人。三十一家代表性的大公司中，總股東人數從一九〇〇年的四百萬人增加至一九二八年的一千八百萬人。
3. 就公司的支配權（公司的經營權）的態樣而論，可分為五種：(1)完整所有權之支配。是指公司之股權之全部或幾近全部是由個人或集團所全部持有，故所有權與經營權合一；(2)過半數持股支配。是指過半數股權由個人或集團所持有，這種情形經營權與所有權已有分離，但因經營者享有過半之股權，在公司法的制度下（如股東會之修改章程或選舉董事上），享有相對的支配權；(3)由於法律手段而獲得之支配。這種情形是指經營者之持股未過半，但持有部分股權，而利用法律之機制使得其能繼續掌控經營權，這包括金字塔型之控股公司結構、發行無表決權優先股（而經營者自行保有有表決權的普通股）、表決權信託（voting trust)(讓多數股東將表決權信託予經營者，股東自身只享有盈餘分配權)；(4)少數持股支配。經營者持股相對少數，其能掌控公司是因為徵求股東的委託書而來，公司規模愈大，少數持股之支配較穩定，但會有委託書爭奪戰的可能；(5)經營者支配。指公司股權過度分散，最大股東之持股也不超過一%，也由於這項事實，任一股東都無法撼動現有的經營者，經營者可以完整並持續地掌控公司。

4. 就一九三〇年美國非金融業的二百大公司來看，屬經營者支配者佔四四%（對全體公司總財富佔五八%），少數持股支配佔二三%（對全體公司總財富佔一四%），由於法律手段之支配佔二一%（對全體公司總財富佔二二%），過半數持股支配佔

> 五%(對全體公司總財富佔二%),個人所有或在財產管理人手中(如遺囑執行人)佔七%(對全體公司總財富佔四%)。一般而言,所有權與經營權之分離已相當明顯,尤以鐵路與公用事業最完整,生產製造業較緩慢。

分離趨勢對社會是好事嗎?

伯理與明斯在三〇年代的實證研究已說明的企業所有權與經營權的分離趨勢,而事實上這種分離是繼續再發生。經濟學者 Edward S. Herman 研究到一九七五年止,前二百大非金融業公司已有八二・五%屬經營者支配(對全體公司總財富佔八五・四%),可以說美國大企業所有權與經營權的分離已成爲當然之事實[2]。

雖然伯理與明斯觀察了企業大型化下所有權與經營權分離的現實,並認爲此種經濟力的集中,甚至可與政府平起平坐,而成爲重要的社會支配型態。不過伯理以其法律人觀點,認爲公司的經營者與股東間實是一信託關係。經營者以受託人地位爲股東與公司謀最大福利,而法律制度,經由不斷的演化,也能保障股東的權益,故伯理對所有權與經營權分離的現實是抱持樂觀的態度。

同時間哈佛法學院的達德教授(E. Merrick Dodd, Jr.),則對此表懷疑。他開宗明義表示經營者不只是對股東負責,他們要負社會責任。因爲現在的企業型態已非十九世紀提供少數人服務的小公司而已了。現代企業擁有大量的員工，服務廣大的消費者與公眾，如何能僅顧及股東的利益？

在二十一世紀回頭看前人的分析與爭論，到現在仍有似曾相似之感。在資本主義發達的國家，企業活動是經濟的命脈，而所有權與經營權分離已成為事實。即使在台灣，我們證券市場近年來的快速成長，所有權與經營權的分離也是趨勢（只是相對緩慢，這有許多原因，特別是法律的限制，見後面各章的說明）。

而所有權與經營權分離後，是否經營者仍然能為股東謀最大福利，會不會由於股東分散後造成監督力量的薄弱，使得經營者忘卻了其受託人之地位，轉而謀取私利呢？這就是現代公司治理想要探討的課題。而達德教授所倡言的公司社會責任，又在現代公司法制中佔有何種地位，也是我們在下面各章節中所要探討的主題。

公司治理方法論

最後，我們要談到公司治理的學習方法。

雖然近來企管學界與市場都逐漸關注此一課題，可是我們應了解，公司治理是源自公司法制度的問題，也就是法律與公司結構的互動性探討，因此法學的基本分析方法是貫穿本書的工具（同時，法律分析也是嚴謹的學術研究法）。此外，公司治理談的是公司的效率問題，而效率又是經濟學的核心之一，而財務學又是經濟學所衍生出的論證工具，因此本書也參考許多財務經濟學的模型與實證。事實上，美國法學界所倡導的法律經濟分析（Law and Economics，或稱為法律經濟學），近年來在公司治理研究上確實有相當的成果，也反應了跨領域整合的重要性。

同樣，公司治理並非象牙塔的研究，也非傳統企管學門應用於業界而已。公司治理因為是法律學的背景，它有極強的規範面使命，也就是告訴政府（立法、司法與行政三權），公司治理的法制「應該」是什麼，如果現行制度有問題，要告訴當局問題是什麼以及應該如何改進，使得企業有遵循的指標。尤其是新興工業體與第三世界國家的企業，通常政府主導力極強，不像美英的企業制度往往是透過市場而非強制所形成。因而在台灣談公司治理，法律制度是關鍵。

---

[1] 這本書曾有中譯本，由陸年青與許冀湯先生合譯，1981年8月版，由台灣銀行經濟研究室編印（經濟學名著翻譯叢書第一四八種），目前似已絕版。

[2] EDWARD S. HERMAN, CORPORATE CONTROL, CORPORATE POWER (1981).

第二章　代理成本與公司治理

「經營者可以盡量佔投資人的便宜，可是他們發現市場驅使他們打心底要為投資人的利益來做事。」
美國公司法大師 Frank H. Easterbrook 與 Daniel R. Fischel，The Economics of Corporate Law

公司的本質

始作俑者：寇斯的理論

一九三七年一位年輕的英國經濟學者寇斯（Ronald H. Coase）發表了一篇在當時並不受人注目的文章「公司的本質」（The Nature of the Firm）[1]。未料到五十四年後，寇斯竟以這篇文章與一九六〇年的另一篇文章「社會成本之問題」（The Problems of Social Cost），因爲建立了交易成本理論與開啓了法律經濟分析這一領域，而爲他贏得了一九九一年諾貝爾經濟學獎。寇斯在「公司的本質」一文中提出了幾項觀察與分析。首先，他認爲傳統的經濟學理強調市場交易與價格機能，但忽視了公司（在經濟學著作中通譯爲廠商）的性質，即爲什麼要有公司的存在。因爲如果生產係由價格機能（即供需）所約制，那麼沒有公司組織型態一樣可以達成生產的目的。是以寇斯下結論道，生產產生成本，而有些成本可以經由公司的成立而消失，這些成本通常是長期性的勞務或商品契約，但在公司結構下內化消失了，代之而起的是企業主的指令。而在實際社會制度下，所謂的公司其實就是僱傭人與受僱人的法律關係。

寇斯理論的修正與闡揚

寇斯的理論在一九六〇與七〇年代開始受到新一代經濟學者的闡揚與詮釋。亞欽（Armen A. Alchain）與德塞斯（Harold Demsetz）提出兩點論證：(1)在經濟組織中投入效能與報酬有緊密關連，是以如何檢測變得重要；(2)經濟組織的產出是團隊貢獻，但團隊中往往會有人偷懶，是以偵測的成本亦成爲嚴肅課題。而就現實的公司形態及公司本質理論來看，股東是最適合監督團隊成員之人。這是因爲股東是剩餘報酬的收取者，他們的所得是經由偷懶的減少，也相對同意付出投入，成本但同時觀察並指示投入元素之使用與各種行動。進而，股東的權利其實是數種權利的集合：(1)股東是剩餘請求權人（residual claimants）；(2)觀察投入行爲；(3)對所有投入之契約是主要的當事人；(4)可改變團隊成員資格；(5)可出賣其權利。

亞欽與德塞斯接著進一步闡揚股東與公司的關係：公司提供未來獲利的預期來交換投資人的資本，投資人多數爲風險趨避者（risk-averse），是投資少量資金（對於全體的投資人投資總額），在有限責任的設計下，股東最大的損失也僅止於投入金額，因此保護了股東也給予其投資的誘因。股東並非事事參與，而僅在公司有重大事項時方參與決策，這是因爲股東會本有相當之技術成本，且股東會偷懶（自己不專注議題而仰賴他股東，反正若決策失敗的損失是全體股東分攤）。一般事項均委由一較小團體來處理，股東只要處理如經營者的資格、影響公司結構之重大事項或解散公司等。至於如何監督經營者的偷懶，在公司內有潛在的人選可取而代之，也可從市場上尋找，以及利用委託書或股權購買來改變經營者或修正經營策略[2]。

代理成本理論

而另外兩位（財務）經濟學者簡森（Michael C. Jensen）與麥克林（William H. Meckling）對公司經營者與股東間的關係以代理成本（agency costs）的觀念來解釋，能夠對寇斯、德塞斯與亞欽諸人所主張的公司本質有較清楚的詮釋。股東與經營者雙方在本質上是屬於代理契約，股東是本人（principals），經營者是代理人。當事情本可由本人而爲卻委由代理人去做則必然產生成本，簡、麥兩人則將此代理成本細分成下面三大類：(1)監督成本（monitoring costs），即本人爲監督代理人的行爲所支出的成本，指避免代理人做出各種越軌行爲的控制成本；(2)同心成本（

包括法院的判例法），則可說是標準化的契約條款，而特別針對股東、管理階層與法人組織的最重要三方關係，有助於降低交易成本（因爲締約者不必再花心力在某些契約條款上），針對特別事項，契約訂定者還是有能力加以排除（如股東會決議修改章程），所以公司法的立法應強調增加而非減少締約者的共同福利，也不應刻意抑制締約者的自由交換權力[5]。

生產團隊理論

晚近也有一些學者對公司契約說提出修正，主要的論點在於公司契約論太過強調自願性交換，而現實的大型公司有許多成本造成自願性交換事實上無效率（如資訊成本、締約地位不一致），更重要的是傳統公司法以及理論的設定都是股東是企業主，能爲股東謀取最大福利的制度是最好的制度。可是在現實環境中，股東的權力其實沒有這麼大，而有太多的代理問題無法解決，是以有所謂團隊生產理論（team production theory）的出現，代表人物是近來頗受矚目研究公司治理的經濟學者瑪格麗特・布萊爾（Margaret M. Blair）。這個修正理論的起源是基始於亞欽與德塞斯的論述，認爲公司是團隊貢獻生產的結果，這個團隊除經營者與股東外，還要加上重要的第三人如員工與債權人，但公司的控制權是在董事會上，而董事會應被設計成獨立於各種經濟利益以上之監督者角色，而成爲監控生產的機制，也可說是一種居於協調各當事人的位階（mediating hierarchy），因而公司法應設計董事避免利用地位擴充個人之私利，也就是董事應是像信託（為了各種類受益人之利益）的受託人而非僅是股東代理人而已[6]。

公司治理的機制

從下一章開始，我們以法律的結構加以討論公司治理的各項機制，所以先敘述一下本書的程序。一般而言，公司治理的機制可分為內部與外部機制。所謂內部機制，是指能降低代理成本的公司內部構成員與成分，外部機制則指市場上能降低代理成本的因素。內部機制通常包括下列成分：公司的董事（會）、監察人、經理人（高階主管）、內部稽核、法令遵循主管、員工、股東（會）、股東訴訟權利。外部機制主要有公司債債權人、委託書、簽證會計師、強制資訊公開揭露、投資人對公司證券價格的評價、股份公開收購與機構投資人。此外政府的執法單位與準政府機構如證券交易所，也有一定（甚至極強）的公司治理功能。

公司治理的內外部機制，其實劃分見仁見智，因為有些內部因素，可以歸類為外部因素，反之亦然。不過這些機制，在台灣都有法律的規範（外國未必），而台灣主要有關公司治理的法律，是公司法與證券交易法兩大立法，前者大致規範了內部機制，而後者規範了外部機制，雖然有些機制會受兩法雙重的規範，但這是因爲該公司的資本行爲而造成。

公開發行公司的特質

閉鎖型公司與公開型公司

在公司法學的理論上，我們將公司分爲閉鎖型公司（closely held companies or close companies）與公開型公司（publicly held companies or public companies）。閉鎖型公司指所有權與經營權集中，無公眾股東的存在，我國公司法下的無限公司、兩合公司與有限公司可歸類爲此類型；而公開型公司是指外部股東眾多，所有權與經營權相對分離，我國公司法下的股份有限公司中的公開發行股票公司可屬於此。

理論上言閉鎖型公司由於所有權與經營權合一，代理成本應該比較低，其經營績效應該比較好，但閉鎖型公司的問題在於公司是由少數的經營者—所有者所共享共治，他必須要擔負資本以及經營能力，這樣的人必然不多，也就是導致閉鎖型公司的專業性不夠，只能處理資本或技術層次較低的產業（相對來說，對這些事業，沒有必要變成公開型公司）[7]。本書原則上不提及閉鎖型公司的公司治理問題。

至於公開型公司，我們有必要對現行法律加以說明。根據公司法，如果一家股份有限公司對外公開發行股票或公司債（向證券主管機關申請核准），就成爲公開發行公司，除公司法對其有一些特別規範外，這家公司成爲證券交易法的規範客體，因爲證交法規範證券的發行與交易市場，一旦有公開發行的行爲，則屬證交法的管理範疇內。當然股份有限公司甚至非股份有限公司理論上可以公開發行其他屬於證交法的有價證券[8]，不過這並非本書的重點。而公開發行公司雖然依財政部證券暨期貨管理委員會（以下簡稱財政部證期會或證期會）有一定的股權分散標準，但能否真夠得上稱爲學理的公開型公司，恐怕還是要看這家公司的股票有無交易市場而論。

上市公司與上櫃公司

準此，證交法中尙有所謂上市公司（listed companies）與上櫃公司（OTC-quoted companies）的特別規範，所謂上市，是指公司的有價證券在台灣證券交易所掛牌買賣，而上櫃是指公司的股票在財團法人中華民國證券櫃檯買賣中心交易（在證券交易法上的正式用語是「在證券商營業處所買賣」），這兩類的公司，本書都以上市公司統稱之。因爲台灣的上櫃交易制度，其實與交易所的集中競價制大同小異（興櫃股票除外，因爲興櫃股票交易在學理上才是真正的店頭市場櫃檯買賣），可說是事實上的交易所。由於上市公司的股票有具規模的交易所促進股權的流通，股權的分散是必然的結果，形成投資的市場，與未上市的公開發行公司的股權分散情形不可以千里計，而市場更有其獨特的監督機制，因而本書的主題是環繞在上市公司的公司治理。這也是國外公司治理的重點，不外乎考量其股東眾多、資本龐大以及對社會經濟甚至國際性的影響與衝擊。

---

[1] 4 ECONOMICA 386 (1937).

[2] *See* Armen A. Alchain & Harold Demsetz, *Production, Information Costs,* and *Economic Organization*, 62 AM. ECON. REV. 777-795 (1972).

[3] 有人譯爲保證成本，但 bonding 在美國人的一般用語是指兩人感情密切利害相關，如兩個好朋友我們可以說他們有很強的 bonding，即俗話說的 buddy uddy，故此處譯爲同心成本。

[4] *See* Michael Jensen & William H. Meckling, *Theory of the Firm*: *Managerial Behavior*; *Agency Costs*, and *Ownership Structure*, 3 J. FIN. ECON. 305 (1976).

[5] *See* FRANK H. EASTERBROOK & DANIEL R. FISCHEL, THE ECONOMIC STRUCTURE OF CORPORATE LAW 1-39 (1991).

[6] *See* Margaret M. Blair & Lynn A. Stout, *A Team Production Theory of Corporate Law Business Organization: An Introduction*, 24 CORP. L. REV. 751 (1999).

[7] 有關閉鎖型公司的公司治理問題，可以參見 *supra* note 5, at 228-252.

[8] 這在國外很普遍，但在台灣受限於法令而較侷限，主要

有證券商（是股份有限公司但不一定是公開發行公司）發行認購權證，證券投資信託事業（是股份有限公司但不一定是公開發行公司）發行共同基金受益憑證，以及銀行（未必是公司型態）發行金融債券等。

第三章　董事會

「當一家公司遭遇困境時，通常顯示董事會多少是失敗的。」
前美國證管會主席 Arthur Levitt，Take on the Street

董事會的權限—打破所謂董事長制的迷思

董事會是除股東會外公司最高的決策機構，依照公司法第二〇二條:「公司業務之執行，除本法或章程規定應由股東會決議之事項外，均應由董事會決議行之。」在公開發行公司，股東會的設計是每年召開一次，除非有特殊事故得召開臨時股東會，股東會的權限都由法律所特定（用章程附加額外權力並不會很多)。這也是考量代理成本的問題，當股東分佈各地（甚至全世界)，若要經常集會其實不可行，股東直接控制公司似乎可以直接降低代理成本，但經常的召集反而產生很多額外之成本，而股東缺乏專業性，也不太可能對公司平日的具體的經營有相當之瞭解，更何況股東各有職業，不可能經常出席（除非他是以股東爲職業者)，則也可能經常造成不足出席或表決門檻（quorum）的窘境。是以各國公司法的設計，皆是將公司平日的控制權力交由董事會行使。

董事會的集體領導特質

在台灣報章雜誌上經常會稱某公司（特別是國營事業）是董事長制還是總經理制，這其實是誤會了董事會集體領導的特性。就歐美董事會的立法例與實務，董事是股東所選出，代表股東之利益，必須以會議方式議決（表決）議案，換言之，所有的董事在董事會會議中的權力是一樣大的。董事長（chairperson of the board of directors），英文應譯爲董事會主席，其僅額外具主持會議之法定權力（公司法第二〇八條第三項），以及公司的法定代表人。但這並不代表董事長就有偌大的權力。各國的總統對外都代表國家，可是內閣制國家的總統僅具象徵意義，並無實權。如果董事長有超出董事會的權力，試問董事會的必要性何在？也就是說董事會的董事地位應該是平等的，這一點大陸學者也都採取肯定的見解[1]，大陸公司法第一一四條僅多賦予董事長檢查董事會決議的實施情況，可是在東方家長模式被帶入企業文化（以及政治組織），其實會有深遠的負面影響，而董事的平等地位，未必不能以法律定之而加以落實，用公司內部自治反而會造成經營體系的紛亂，包括董事長與總經理各擁派系，員工選邊站的人事問題，以及事務推動的相互牴觸。

在董事會休會期間是否能將權限交給董事長單獨行使，這可能就是董事長制的由來。基本上公司的基本規章中應詳定董事會與總經理之分權，董事會的職權，在休會時最多只能由執行董事會或常務董事會行使，而某些事項可能必須要有完整的董事會議決才行。由於國外已將董事會權限分至各委員會，且有明確的行爲準則或委員會章程，所以不太會出現類似台灣還搞不清誰是誰的問題。

董事長與總經理應否是同一人？

又，在美國實務上董事長之所以握有大權，是因爲董事長兼任總經理（gencral manager），現習用執行長（chief executive officer, 以下用 CEO 簡稱）名稱。董事會不可能天天集會，因此日常營運事項必須授權經理人，總經理則是最高的執行機關。董事長一旦兼總經理，他可完全理解並掌控公司之所有事情，則具有經營的效率，董事會也能得到最佳的資訊。反之，如果董事長不兼總經理，如台灣所有的國營企業的狀況，那麼總經理在日常業務上也必須得到董事長之指示，會經常造成兩者的衝突，則總經理已無存在之必要。

有論者認爲總經理是專業經理人，董事長代表公司所有者，但這種講法其實是忽略了董事會的目的。而在以英國爲代表的歐洲國家，大企業董事會主席與 CEO 分屬二人是常態，其隱含的目的是避免權力過度集中，但 CEO 仍可能是董事會成員，仍可有實質影響力。其實歐洲國家（包括第五章特別提到的德國）之所以分離二者，可能還是拘束於傳統的戰略決策與執行的區別。可是現代的企業發展顯示，董事會的監督職責越來越大（見本章及以後各章），其內部也依功能而分化，未必 CEO 兼任董事會主席就特別不利，但美國的實務是利用獨立董事補其弊端，而有些企業的實務，如奇異電子公司所訂定的董事手冊中就規定如果董事會主席是公司專職員工者，公司應有一外部董事擔任領導董事（lead director），負責外部董事之相關事務之主持[2]，故有些公司採雙主席制者（co-chairmanship）。台灣證券交易所與中華民國證券櫃檯買賣中心於二〇〇二年十月會銜發布的「上市上櫃公司治理實務守則」第二十四條第二項則建議董事長與總經理應分屬二人，則顯然未深入問題之核心。此處公司治理的重點在於董事會不能在休會時將職權完全授權在董事長一人身上，這也就是美國董事會爲什麼有各種委員會的原因之一。

或許應附帶一提，台灣的中央政府機關中，有許多是委員會（英文上有 commission、board、council 等用語，但都是合議的意思）的設計，如行政院下的經濟建設委員會、體育委員會、中央銀行，或財政部下有證券暨期貨管理委員會，形式上雖是會議決，可是在實質上多數是首長制，與美國獨立行政機關委員會是採委員共治（要表決），代表專業性與獨立性的設計大異其趣。

因而，引藉外國的公司治理制度，如果不深刻體認台灣董事長制已有之弊病，強行引入外國公司治理中董事會的權能，很可能會創造更大的董事會運作爭議。本書建議公司法應明確將董事長改名爲董事會主席，並強調其在董事會上與他董事之平等屬性。

董事會與代理成本

從本章開始，我們會發現公司治理的問題在各國並不見得完全相同，這可能是因爲法律規範的不同，也有其他社會經濟的因素所造成。不過就董事會而言，確實有一些放諸四海皆共通的問題。

由於董事會是決策機構，董事可能利用其職權，做成許多自利交易（self-dealing），即對公司未必有利但對自己個人私利有重大好處之事。或者是董事因資訊或專業上或其他因素上的缺陷，使得董事會無法發揮應有之功能，變成所謂橡皮圖章，使得某些公司內部人應此獲得利益而同時股東的權益受到侵害。而這些根本的問題，即說明了在現代公開發行公司的結構之下，董事會可能會造成代理成本不合理的增大，使得投資人喪失信心，進而侵蝕了公司擴張的可能性。

但是董事會在企業大型化的趨勢下，責任越來越大，第一是公司的決策權從 CEO 獨攬逐漸移轉至董事會（含 CEO 兼任董事會主席）的共治體制，且董事有逐漸獨立於股東以及所有公司契約網締結者以外的情形，最普遍的現象就是獨立董事的落實以及法制化，而獨立意味著董事會也是監督機構，甚至此目的性高過決策機構，或許現代公司治理已透過市場認可董事優先模式（director primacy）而非傳統的股東優先模式[3]，但這不意味董事就是公司治理的萬靈丹。過份的獨立也可能喪失其受制衡的效應。本章及下一章都是嘗試從現實環境中說明董事會的效能及缺陷。

美國董事會的特質、問題與解決方法

美國的重要娛樂業企業華德迪士尼公司，其董事會有十六名董事，外部董事組成包括律師、洛杉磯的教師、奧斯卡影帝薛尼鮑迪、神學教授、建築師、洛杉磯西班牙文報紙的發行人、前參議員喬治米契爾。論者以為這類董事相對於 CEO 邁可・艾斯納(Michael D. Eisner)實為弱勢，不能積極給予 CEO 警覺，但艾斯納辯護說，一個娛樂與不動產的公司，應該要有演員、老師、建築師這類的董事[4]。

美國的上市公司所有權與經營權分離相當明顯，每個董事持有的股份甚少，大權掌握在兼任董事會主席的 CEO 身上。事實上一般的大企業，因持股分散，並無大股東的出現，能持有百分之一的股份即可稱為公司的大股東，通常是市場上的機構投資人或公司自己的退休基金。所以數十年的發展下來，CEO 似乎有終身制的傾向。理論上而言，公司股東在股東會上選任董事，而由董事會去選任 CEO。可是在事實上則會呈現反向行動。CEO 會選任內部高階主管擔任董事（即習稱的內部董事 insider directors）候選人，加上一些跟他有「關係」的人來當外部董事候選人。

當選票到達投資人的手上時，股東因為公司股權分散，持股微不足道，無力也無誘因表達反對意見（此稱為集體行動問題，在本書第六章有說明），因而 CEO 所提的董事名單全部當選，這些董事（包括他自己—兼任董事會主席）再投票選出他繼續擔任 CEO，如此一來，一位 CEO 變成終身職則成為當然之事。

一九五〇年代的美國董事會

美國公司法權威漢彌爾敦（Robert H. Hamilton）分析一九五〇年時的美國大企業，董事會根本不視為公司治理的機制，而 CEO 之享有如此龐大的權力，有下列幾項因素[5]：

1. CEO 對內部董事有人事（生涯）上的控制權，則這些人必然聽從他。
2. 外部董事極少挑戰 CEO，當然就沒有獨立性，否則 CEO 下次就不提名他了。
3. CEO 可以完全控制議程（由其擬定），也控制董事資訊的取得管道與內容。
4. CEO 既然是董事會主席主持所有的會議，其他董事如何批評他的決策與公司經營呢？
5. 董事會會議相對開會次數並不多，則其功能發揮有限。在兩次會議中間，董事會的職權由常務董事會

（或可譯為執行董事會）（executive committees
）行使，常務董事都是由CEO與內部董事所組成。

6. 當CEO退休時他通常會指定其接班人，而其他董事也會承認此一事實。

美國董事會產生質變

一九六〇年代以後董事會做爲公司治理的機制開始受到重視，這有一連串的因素交互形成，包括越戰與美國社會運動的興起、環保意識的覺醒、尼克森總統的水門案（使得人們開始對領導人道德操守的信心崩潰）、市場上經營權的爭奪、投資人結構的改變（機構投資人的興起）、聯邦與州各種法律強化董事的責任與執法的效果等等，在在都改變了董事會的生態，董事會成爲公司治理的工具。但代理成本問題並沒有消失，而是基因開始改變。

安隆案與公司治理

安隆案是美國現行公司治理體制下的典型產物，該案目前尚未了結，且涉及的公司治理因子不僅止於董事會而已，我們在以下各章中還會詳細討論，不過在此我們先就事實部分加以簡單交代。

從財務槓桿發跡

美國第七大企業安隆公司(Enron)原先稱為InterNorth Inc.，是一九八五年成立於內布拉斯加州奧瑪哈市的公司，一九八六年以二十三億美元合併了休士頓天然氣公司而改稱安隆。六個月後，安隆找來了肯尼斯・雷(Kenneth Lay)來當CEO（六個月後他就成為美國第五高薪的CEO）。當時雷的第一件要事就是處理公司掠奪者(corporate raider)厄文・傑可布（Irwin Jacobs）的問題。傑可布持有原InterNorth相當多的股份。安隆內部深怕傑可布會利用公開收購取得安隆經營權，雷以當時盛行的綠信函（greenmail）的反購併策略，以高於市值相當多的二億三千萬收購（買回）傑可布的持股（傑可布自然小賺一筆，這是八〇年代購併潮的典型)。這兩筆交易使得安隆的負擔沈重，自然有後續處分資產以清償債務的必然結果，但由於債務負荷實在太大，安隆不得不用一些在財報上無法看出的特殊設計的財務技巧來降低負債。甚至安隆向自己公司員工的退休基金借錢(超出法定下限的退休金)，這種方法後來安隆仍然使用。甚而在石油交易有重大損失時不斷操縱財報數據。

安隆在一九八九年以來有許多重大的詐欺行為，就目前新聞界已揭露的主要有下。第一個是「天然氣銀行」計畫(Gas Bank)。安隆原先是天然氣供應商，在一九八九年後，由於美國獨立的石油與天然氣製造商競爭激烈，安隆成爲製造商與供應商的中間人，即交易商。天然氣銀行是安隆的子公司，其最大問題在於其會計認列。交易商經常會與製造商與供應商訂立長期性契約，此時安隆會在契約訂立時即認列收益（而非實現時），用來沖抵原就龐大的債務，而爲了增進數據，安隆的合約越來越大，但品質則下降，其曾在五年內三次重大改變其會計制度。

利用負債表外的機制操作財務、操縱能源市場

一九八九年傑佛瑞・史基靈（Jeffrey Skilling）（一九九六年升任 CEO，雷則專任董事會主席）進入安隆，隨後是安迪・法斯托（Andy Fastow）（後來擔任財務長 CFO），這兩人帶來了安隆的革命性變化。首先對天然氣銀行計畫給予新的生命，法斯托成立了許多資產負債表檯面下的合夥（合夥人也包括銀行以及安隆的高階主管），其原則大致是向銀行借錢來向天然氣與原油生產商購買儲備部分，生產商將產品交付安隆，其目的是將債務風險轉至合夥體，而銀行有安隆的股票作爲擔保或抵付價款，而安隆以其股票與合夥交易（交換現金或票據），史基靈體認到此種特殊目的導體（Special Purpose Vehicle, SPV）的好處（但他應考慮一旦安隆的股票大跌，這種避險機制所造成的保證風險更可觀），於是聘請更多的財務專家設計更複雜的財務機制，並向更多的商品交易進軍。

譬如，在九〇年代中期安隆進軍天然氣儲存業，它大致估算未來長期性契約的收入，再以此爲擔保向顧客借錢，以充實現金流量。九〇年代聯邦政府開始逐漸放寬能源交易管制，而同時間安隆積極向聯邦政府「遊說」豁免其能源交易受其管理，結果成功，則其更能放膽從事許多遊走法律邊緣的行爲。譬如加州的能源市場相當自由，但二〇〇〇年時發生電力危機，據目前的證據顯示，安隆及共謀的能源交易商，設計出所謂死星計畫（電影星際大戰的名詞），他們很可能刻意造成加州電力供應不足的假象，導致當地電力公司必須提高價格向外州供應商購買電力，而安隆進來當作協調電力分配與解決輸電線路擁塞的角色，而獲取暴利。

另一件安隆的弊端是它在一九九七年成立的秋哥合夥(Chewco)（源自星際大戰的黃毛怪物，哈理遜福特的太空船伙伴），秋哥成立的本來目的是買下另一一九九三年成立的合法（但在資產負債表檯面下）的合夥「絕地武士」（JEDI）（與加州公務員退休基金系統合夥投資於天然氣計畫）。目前資料顯示秋哥浮誇了安隆四億五百萬的利潤，且短報了二十六億的負債，雷目前堅稱他根本不知道秋哥計畫，但事實上該案經董事會通過，並由律師事務所負責草擬法律文件，安達信會計師事務所（Arthur Andersen, LLP）負責財務諮詢。類似的合夥還有LJM1、LJM2、LJM3，都是由法斯托主導，安達信背書，董事會都知悉但都沒有提出質疑，但事實上到現在爲止都還不清楚安隆成立了多少報表下的類似機制，據說有上千個之多。

醜聞爆發

當安隆案在二〇〇一年因其財報宣布第一季有十億的虧損以後開始逐漸發展，華爾街日報的記者開始揭發許多關係人交易—即安隆所設的海外合夥（如 J.P. Morgan、美林與花旗集團也有介入，被控將放款轉化成買賣交易）。進而美國證管會也開始展開調查，而安隆前述相關的問題也逐漸浮上檯面，安隆也已於二〇〇一年十二月向法院宣布依聯邦破產法聲請第十二章破產並準備重整。國會也展開安隆案的聽證。許多跟安隆有關的民刑事訴訟也都開始準備或進行中，最新的發展是已有一位財務人員與檢方達成認罪協議，並準備幫檢方作證，法斯托也正式被起訴。目前在一審已經宣判的案子是安達信會計師事務所在得知證管會要展開調查之後「刻意」銷毀其客戶安隆公司的相關查帳資料，該案在聯邦地方法院陪審團決議安達信與其內部相關人妨害司法有罪（二〇〇二年六月），證管會已依該判決禁止安達信從事公開發行公司的簽證業務，安達信也被德州撤銷在該州執業執照。安達信的母公司，即安達信全球（Andersen Worldwide, SC）據報導欲以六千萬美元與安隆的股東與員工和解，以二千萬與安隆的債務人和解。

從二〇〇〇年美國證券市場有許多的弊案紛紛爆發，下面列出一些較著名者：美林證券案（投資顧問欺騙投資人買進內部評價甚低的網路股、利益衝突）、ImClone 案（生化科技公司財報不實、內線交易）、ICN 案（製藥公司不實揭露、內線交易）、瑞士信貸第一波士頓案（不當承銷操作、分析師利益衝突，基本上華爾街的主要投資銀行都有這些不法行徑）、K-Mart 案（破產與會計處理爭議）、Global Crossing（光纖通訊業破產、會計處理不實）、Quest 案（通訊業會計處理不實，安達信會計師事務所亦列名）、惠普與康柏合併案（惠普 CEO 不當影響委託書之徵求）、Adelphia 案（會計處理不實、關係人交易）、Sunbeam 案（家電製造業者會計不實）、Critical Path 案（網路技術業會計不實與內線交易）、全錄公司案（會計不實）、MFS 案（共同基金業的公債內線交易）、Peregrine System 案（軟體業會計處理不實）、Ernst & Young（會計師事務所與簽證客戶從事違反其獨立性之交易）、PricewaterhouseCoopers（簡稱 PwC）（會計師事務所與十六家客戶從事影響獨立性之交易，與證管會和解受罰五百萬美元，另因簽證 Anicon 財報有重大過失，與股東民事訴訟以二千五百萬美元和解）、Tyco 案（綜合集團會計處理不實、關係人交易，其會計師事務所 PwC 亦涉嫌）、世界通訊（通訊業會計處理不實，安達信又列名，並有花旗集團涉入其初次公開發行的不當承銷作業）、American Banknote Holographics 案（票據紙製造商不實財務揭露）、Rite Aid 案（大型連鎖藥局財務不實、證券詐欺）、默克藥廠案（子公司會計認列有爭議)、Waste Management 公司—安達信案(安達信會計師事務所因查核有重大過失被罰七百萬美金)、Computer Associates International(即王嘉廉所創冠群電腦公司,被證管會調查浮報收益以提昇股價,藉以達到高階主管的報酬門檻)、Halliburton 案(油田服務與工程公司,副總統錢尼曾於一九九五至二〇〇〇年擔任 CEO,證管會正調查其一九九八年某些有爭議債權的認列)、微軟會計爭議案(微軟與證管會和解,承諾不再使用某些會計技巧)、Duke Energy(受證管會與商品期貨交易委員會調查交易實務)、美國線上時代華納公司案(受司法部調查會計作業)、Bristol-Myers(製藥公司涉嫌浮報盈餘)、Homestore 案(網路不動產科技公司財報不實)、Allied Waste(美國第二大垃圾處理公司 CEO 向公司歸還所借貸用以購買公司股票的二百三十萬美元)、HealthSouth 案(美國最大醫療服務企業重大財務不實)。

以上這些還不包括證管會非正式調查之案件。對於這些市場弊案的發生,更使得美國國內尋求公司治理的改革聲浪加大,也有具體的行動出現,我們也會在相關章節中說明。

獨立董事的功能─審計委員會

前面已提到，董事會的權責在一九六〇年代以後開始發生質變。紐約證券交易所（NYSE）開始要求上市公司必須要有獨立董事，後來復要求董事會下必須要有全由獨立董事所組成的審計委員會（audit committee）（或譯為稽核委員會）。但什麼是獨立董事，其實定義上並不清楚，美國只有極少數的州公司法有規範獨立董事。相對幾個美國大企業的註冊地州，如德拉瓦州、加州、紐約州等並無規範。

美國法律學會對獨立董事之定義

依據美國法律學會（American Law Institute, ALI）所訂定的公司治理準則（Principles of Corporate Governance）（以下簡稱 ALI 準則，並非法律，但有重要的參考價值），所謂獨立董事並非使用絕對性的定義，而是利用功能性來為兩段式的權限劃分。首先 ALI 準則第三・〇四條認為所有的公開發行公司[6]都要有董事是跟公司的高階經理人（senior executives）沒有明顯的關係（significant relationship），這些董事負責選任法律顧問、會計師或其他專家來提供他們權責行使可能產生問題的意見。

至於所謂與公司高階經理人「有明顯的關係」，ALI準則第一·三四條規定了下面表中的條件。

1. 以該公司上一會計年度終了為基準日。
2. 該董事目前為公司所僱（換言之這是內部董事），或曾在最近前二年內為公司所僱。
3. 該董事是公司現任經理人（officer）或連續前兩年曾擔任高階主管之人的配偶、直系血親或兄弟姊妹。
4. 該董事曾在最近前二年之任一年內，從公司處收受或對其支付超過二十萬美元以上的商業性款項；或該董事擁有或有權力於一家商業機構中的股權利益（equity interest）（多指股票表決權），而該商業機構從公司處收受或對其支付的商業性款項，乘以該董事在該商業機構中的權益利益比（如其持股占已發行股份數之比），超過二十萬美元以上者。
5. 該董事是某商業機構的主要經理人，而該商業機構在最近前二年之任一年內，從公司處收受或對其支付的商業性款項，超過該商業機構該年合併收益毛額的百分之五或二十萬元之較大者。
6. 該董事目前在一律師事務所中擔任專業性職務，而該事務所是公司最近前二年內一般性公司法事物或證券法事務的主要法律諮詢者；或該董事目前在一投資銀行任職，而該投資銀行是公司最近前二年內發行有價證券的諮詢者或主承銷商；或該董事曾在上述律師事務所或投資銀行任職而其時公司委由該事務所或投資銀行從事上開事務者。

7. 該董事不會被視為前述第4至第6點的「有明顯關係」，如果依據相反或特殊之狀況，可以合理地相信一個人在其董事的職位之判斷上不會受第4至第6點關係所影響，其方式亦對公司無害。
8. 此處的公司包含控制公司的公司、被公司控制的子公司或其他經濟組織。

而依準則第三・○五條，大型的公開發行公司[7]應設審計委員會來監督公司，其工作是定期審查公司的製作財務資料之程序、內部控制及外部稽核人員（即指簽證會計師）的獨立性。審計委員會應至少由三位董事所組成，這三位董事不得是公司之受僱人或在最近前二年內爲公司之受僱人，且至少要有一位成員是與公司的高階經理人無明顯關係者。

NASD 對獨立董事之要求

由於美國絕大多數的州公司法並沒有要求獨立董事，獨立董事之所以在美國成爲普遍接納的公司治理機制其實是交易所的上市要求而來。以那斯達克（以下簡稱NASDAQ，由美國證券商公會 NASD 所成立的電腦交易系統）為例，NASD規章（NASD Manual）第四二○○條第(a)項第(15)款定義了所謂獨立董事，見下表。

【NASD對獨立董事之定義】

「獨立董事是指一個人其並非公司或其子公司的經理人或受僱人，或者也不是任何人因其所具有之關係，依公司董事會之意見，在執行董事責任時會干涉獨立判斷之行使。下列人等應不認為具有獨立性：

(A) 一董事現在或前三年中受僱於公司、公司之任何子公司或母公司。

(B) 一董事或其親屬在現今會計年度或前三個會計年度中從公司或公司之子公司或母公司處取得之給付(payment)超過六萬美元者，但不算入董事之服務報酬、源自投資證券投資之給付、付給受僱於公司、公司之子公司或母公司的親屬之報酬（但並非擔任公司、公司之子公司或母公司之高階經理人者）、符合稅法之退休計畫福利或共同無自主裁量性的報酬(non-discretionary compensation)（但是審計委員會成員依規則第四三五○條第(d)項另有較嚴格要求之適用）。

(C) 一董事是一人的親屬，而該人目前或在過去三年中受僱於公司、公司之子公司或母公司，擔任高階經理人。

(D) 一董事是一機構的合夥人、控制股東或高階經理人，而在目前會計年度或過去三個會計年度中，公司從該機構收受或向其支付的款項（排除純由投資公司證券所生）超過（款項）取得者該年合併收益毛額的百分之五或二十萬元之較大者。

(E) 上市公司的一董事是另一機構的高階經理人，而上市公司的任一高階經理人擔任該機構報酬委員會的成員，或此種情形存在於過去三年中。

(F) 一董事目前擔任或在過去三年內公司的外部稽核人（按：即簽證會計師事務所）的合夥人或受僱人。」

另外同項第(14)款對親屬有相當廣之定義，是指「任何人的親屬關係來自血親、姻親或收養，或共同居住之人。」

在二〇〇三年，NASD 受到國會立法、主管機關的要求以及市場的壓力，大幅修正 NASDAQ 上市公司公司治理的規範（NYSE 亦然），前面有關獨立董事的定義即是修正下的產品。更重要的是，在 NASD 規章第四三五〇條第(c)項中要求，凡是申請在 NASDAQ 上市的發行人，其董事會成員應有半數以上為獨立董事。獨立董事應定期集會，沒有非獨立董事在場，稱之為執行會議(executive sessions)。NASD 建議一年至少要召開兩次，但盡可能多開，以配合所有董事參與之董事會會議。

NASD 對審計委員會的規範

對發行公司董事會下審計委員會的相關規範，NASD 規章第四三五〇條第(d)項中有明確的規定（NYSE 上市規定亦類似），其重點有下：

1. 審計委員會應有一書面之審計委員會章程（charter，或可稱為章則），審計委員會應每年檢討與評估其妥適性。
2. 審計委員會章程中應載明審計委員會之職責範圍及如何履行職責，包括結構、程序與委員資格條件。
3. 審計委員會章程中應載明審計委員會必須收到外部稽核（即查核會計師）一份正式的書面，其中敘明了外部稽核與公司的所有關係：(1)與標準委員會第一號標準相符；(2)審計委員會主動與外部稽核對話之責任，有關於任何已揭露的關係或服務會影響外部稽核的客觀性與獨立性；(3)從事或建議董事會全體從事適當的行動以監督外部稽核的獨立性。
4. 審計委員會章程中應載明審計委員會監督發行

人的會計與財務報告作業以及發行人財務報表的審計。

5. 審計委員會章程中應明確載明下列的責任與權限：(1)依證券交易法第十A條第(i)項有關所有查核服務與可允許之非查核服務之事前同意權（第十二章有詳細說明）；(2)依據同條第(m)項第(2)款對外部稽核的選任、報酬決定與監督的完全權限（見本章下一節）；(3)依據同條項第(4)款建立申訴程序之責任（見本章下一節）；(4) 依據同條項第(5)款對獨立法律顧問與其他諮詢者之運用與報酬決定的權限（見本章下一節）。
6. 審計委員會至少要有三位成員。
7. 每一位審計委員會的成員都要具有符合前述的獨立性，也要符合證券交易法第十 A 條第(m)項第(3)款的獨立性標準（見本章下一節）；此外，任一成員不能擁有或控制發行人百分之二十以上的有表決權有價證券（或證管會依法授權訂定之較低標準）。
8. 每一位審計委員會的成員都要有能力閱讀與了解基本的財務報表，包括資產負債表、收益表與現金流量表（或至少在就任後的一定時間內有此能力）。此外審計委員會中至少要有一位成員有財務或會計工作經驗、會計的專業認證，或任何其他相當的經驗或背景使該人能有財務之熟練性，包括曾任或現任執行長、財務長、或其他具有財務監督責任的高階經理人。

9. 審計委員會的組成有一個例外。如果一位董事不具第四二〇〇條的獨立性，但符合證券交易法第十A條第(m)項第(3)款的獨立性標準及該條之授權行政法令，也沒有擁有或控制發行人百分之二十以上的有表決權有價證券（或證管會依法授權訂定之較低標準），也並非發行人的受僱人或受僱人的親屬，若董事會在例外與有限情形下，認為該人擔任審計委員會成員符合公司與股東之最大利益，仍得擔任之，但必須於下次股東會寄發股東之開會文件中揭露之，並說明該關係之性質與決定之理由。此類董事最多只能服務兩年，且不能擔任審計委員會主席。

自律性規範的效能

從美國的獨立董事的發展來看，市場（以 NASDAQ 與交易所爲代表）非常重視企業財務的正確性，所以要求獨立董事本身與公司無業務或其他親屬關係的牽連，並期待獨立董事與外部簽證會計師的合作，因爲會計師往往受限於金錢上的利害關係甚至人情，可能即使發現公司的會計作業有問題，仍然不便深究，但有了獨立董事組成的審計委員會，能夠較坦白地與其討論公司的財務問題，而獨立董事或許在資訊上會受到 CEO 的隱瞞，但透過簽證會計師，能充分掌握公司財務資訊，並在董事會上挑戰內部董事，達成公司治理的目的。是以從這個角度上來看，獨立董事確有其重要性。而由於美國上市公司皆受到上市準則之規範，因此審計委員會過去雖無法律的強制要求，但已達到法律期待之目的，這是美國證券市場自律性的展現，故已經成爲美國企業管理的必然制度。但現在的問題變成，當每一家上市公司都有獨立董事負責財務方面的審查，爲什麼從二〇〇〇年以來美國大企業不實財務處理的弊案層出不窮？關於這個問題，本章最後提到獨立董事的改革面會加以說明。

最後應說明的是，NASD 審計委員會的架構受到二〇〇二年美國企業改革法律有相當的修正，如審計委員會要負責處理內部申訴或檢舉、對會計師查核與非查核服務的決定權限等都是。顯然在美國實務上，傳統以上市規範而非法律要求發行人的原則（因爲一般而論，法律要求程度低而上市要求程度高），仍有相當的缺陷存在。

美國政府的改革措施 ──

二〇〇二年企業改革法

有鑑於近年來美國大企業的弊端不斷發生，特別是安隆案與世界通訊等幾個引起全世界關切並危及投資人信心的案例，國會於二〇〇二年七月非常迅速地（在美國立法上少見）通過企業改革法律，並於七月三十日經小布希總統簽署公布，該法全名爲「二〇〇二年沙班尼斯—奧司雷法」(Sarbanes-Oxley Act of 2002)，係以提案的參眾議員爲名，該法範圍甚廣，本書會在相關章節中說明。這裡主要敘述該法對獨立董事的規範。

獨立性的認定

該法修訂了一九三四年證券交易法第十A條，規定上市公司必須設置審計委員會，全由獨立董事所組成。至於獨立性的認定，該法顯得頗爲寬鬆，且證管會有權對特殊案例予以豁免：

1. 審計委員會成員不得從發行人處收受任何顧問、諮商或其他報償費用。
2. 審計委員會不得是發行人或其子公司的關係人(affiliated person)(關係人通常是指一人，直接或間接經由一個或多個中間者，控制一特定人或被其控制或與其同在一共同控制之下)。

對財務專業性的要求

至於審計委員會的獨立董事是否要是「財務專家」(financial expert),新法第四〇七條規定授權證管會訂定法規要求公司揭露是否審計委員會中有無一人以上的成員具有財務專家的資格。而法律中對於財務專家的定義,是訓示證管會在訂定法規時要考量的幾項原則。下面是定義全文:

「對於定義前項之財務專家,證管會應考量是否一人,經由擔任會計師、查核會計師、或一發行人之財務主管、稽核長、會計主管,或類似工作表現之職務的學識與經驗,擁有:

(1) 對一般公認會計原則與財務報表的了解;

(2) 對下列的經驗:

(A) 準備或查核一般可資比較之發行人的財務報表;

(B) 應用該原則於估算、取得與保存之會計處理;

(3) 對內部會計控制的經驗;

(4) 對審計委員會之功能的了解。」

證管會的補充

注意國會的立法僅是要求發行公司揭露有無財務專業的獨立董事，並沒有強制所有或任何一位獨立董事具財務專業，可是如果不具備，必須要對外說明理由，也自然使得企業會普遍設置（很難找出不設的理由）。而證管會在二〇〇三年元月對財務專家的資格也發布了進一步的闡述，絕大部分與國會的法律相同，但加入下列的要求[8]：

1. 有經驗於準備、查核、分析或評估財務報表中會計問題的深度與複雜層次，而這問題的深度與層次是可期待於從事在發行人的財報比較上，或是有經驗積極地監督一人或多人從事上開活動者。
2. 經驗可以來自積極地監督財務主管、會計主管、稽核長、會計師、查核會計師或其他執行類似功能之人。
3. 經驗可以來自於監督或評估公司的績效或會計師，有關於準備、查核或評估財務報表。
4. 經驗可以來自於其他相關經驗。

新法的評析

從證管會的行政命令來看，證管會對財務專家的要求並不嚴格，而事實上，證管會的法規中更表示具有財務專家資格的審計委員會獨立董事責任不會比其他委員會或董事會成員來得大。也是證管會體認到過度的要求未必會符合市場的機能，也會阻卻有能力之人擔任此項職責，但從另一方面來說，也是利益的妥協。

但即使國會或證管會的要求並不嚴格，但交易所與NASD 還是可以以上市標準強化之，目前的作法即是，而且可能較仔細（如前一節已論及 NASD 要求至少有所有審計委員會成員都是其標準下的財務專家），以後可能更嚴格。

此外，新法也規定審計委員會的法定基本權限：負責對公司所聘的註冊會計師事務所（即簽證會計師事務所，新法另爲定義與管理規範，見第十二章）的選定、報酬，與其爲準備或發出查核報告或相關工作目的的工作之監督（包含公司管理階層與會計師之意見不一致之解決）。註冊會計師事務所必須直接向審計委員會報告。審計委員會在認爲必要履行其職務時，有權委任獨立法律顧問與其他諮詢人員，查核會計師與前述顧問之報酬由審計委員會決定，而由發行人負擔。

新法也規定審計委員會必須建立下列事項的程序：(1) 發行人所收到有關會計、內部會計控制、或稽核事務申訴之收取、保留與反應；(2)發行人之員工提出之機密、不具名之有關於有問題之會計或稽核事項的顧慮。

總言之，新法的內容主要是將現行實務法典化，最重要的意義在於使審計委員會成員有了法律上明確的責任，避免法院對其義務的認定分歧，但內容上仍顯得保守，可謂妥協的立法。

獨立董事的其他功能

—提名委員會與報酬委員會

近二十年來，獨立董事組成審計委員會已因上市的要求而成爲普遍遵循的制度，但另外獨立董事在許多大型企業中開始被賦予其他的權能，主要是董事會下提名委員會（nomination committee）與報酬委員會（compensation committee）的設計。

報酬委員會與提名委員會的功能

提名委員會主要的工作是提名下屆董事候選人，目前越來越多的上市公司採用，成員至少過半數（甚至全部）是獨立董事，其目的在於避免 CEO 決定董事的人選，特別是它心目中的獨立董事人選，雖然 CEO 的推薦係屬必然且具相當影響力，不過仍有少數公司 CEO 擔任提名委員會成員甚或主席者，但已式微。

近來許多美國的大型企業遭遇國內外極競爭的壓力，CEO 如果不能迅速提升公司獲利，董事會受到市場（特別是機構投資人）的強大壓力，也會不得不撤換 CEO，此時，董事會就必須向外尋求適當人選，而提名委員會就負起尋找適當的繼任人選（也會諮詢現任 CEO 的意見），而向董事會提出提名人。至於報酬委員會的功能，則是決定董事與高階經理人的薪資，這也涵蓋近來爭議甚多的分紅、股票選擇權以及其他的福利計畫，目前的實務上 CEO 對報酬委員會並無形式上的控制權，但與提名委員會一樣有建議權及實質的影響力[9]。

NASD 對報酬、提名委員會的新規範

本來提名委員會與報酬委員會是任意性機制，但美國企業受到市場壓力，有越來越多的企業採用，據統計至二○○○年標準普爾五百大企業有百分之九十九有設置報酬委員會，有百分之八十八設有提名委員會[10]，但這些委員會未必全由獨立董事所組成，美國二○○二年的企業改革法也僅要求設置全由獨立董事組成的審計委員會。不過 NASD 受到證管會的指導，在其章則第四二○○條增加了強制性的機制。下面兩個表是其內容重點。

【NASDAQ上市公司高階經理人報酬之決定原則】

有關高階經理人的報酬，NASD規定的重點有下：

1. CEO報酬由過半數的獨立董事在執行會議上決定，或由全由獨立董事組成之報酬委員會執行會議上決定。
2. 其他高階經理人報酬由獨立董事過半數決定，或由全由獨立董事組成之報酬委員會決定。
3. CEO得在討論時列席，但無表決權。
4. 例外情形：如果報酬委員會的成員不少於三人，而有一位成員不具第四二〇〇條的獨立性，也並非發行人的受僱人或受僱人的親屬，若董事會在例外與有限情形下，認為該人擔任報酬委員會成員符合公司與股東之最大利益，仍得擔任之，但必須於下次股東會寄發股東之開會文件中揭露之，並說明該關係之性質與決定之理由。此類董事最多只能服務兩年。

【NASDAQ 上市公司董事之提名原則】

1. 公司董事的提名由獨立董事過半數決定，或由全由獨立董事組成之提名委員會決定。
2. 例外情形：如果提名委員會的成員不少於三人，而有一位成員不具第四二〇〇條的獨立性，也並非發行人的受僱人或受僱人的親屬，若董事會在例外與有限情形下，認為該人擔任提名委員會成員符合公司與股東之最大利益，仍得擔任之，但必須於下次股東會寄發股東之開會文件中揭露之，並說明該關係之性質與決定之理由。此類董事最多只能服務兩年。
3. 例外情形：如果提名委員會的成員不少於三人，而第2點之例外情形無法適用，而有一位董事持有百分之二十以上的普通股股份或表決權，且不具第四二〇〇條的獨立性，因為該董事同時也是高階經理人，若董事會在例外與有限情形下，認為該人擔任提名委員會成員符合公司與股東之最大利益，仍得擔任之，但必須於下次股東會寄發股東之開會文件中揭露之，並說明該關係之性質與決定之理由。此類董事最多只能服務兩年。

獨立董事制度的弊病與改革方案

從一九八〇年代以後，獨立董事以及由獨立董事占多數的各委員會成爲美國企業組織的特色，但這樣的特色是否真的能爲股東謀取最大福利，達成公司治理的目的呢？而爲何美國近來不斷爆發大企業的作帳醜聞呢？

美國獨立董事的實證研究

有趣的是，學術上的實證研究似乎與新聞同步，兩位著名的學者，科羅拉多大學財務學教授巴蓋特（Sanjai Bhagat）與史丹佛大學公司法教授布萊克教授（Bernard Black）的實證研究顯示，美國大企業（取樣九百多家公開發行公司）董事會的獨立性與與該公司短近的績效呈現相當強負相關，且並無證據顯示董事會的獨立性愈大會導致公司績效的改善（甚至數據暗示愈大的獨立性會傷害績效）[11]。這是怎麼回事，更何況台灣目前正朝向美國的獨立董事制度前進。巴蓋特與布萊克倒是提出了幾種可能性，本書也嘗試利用其他資訊與觀念加以補充。

獨立董事盡心監督的誘因何在？

第一個可能性是，獨立董事的誘因可能不足，兩人引述最近的研究是，如果獨立董事的持股愈多，公司績效的變係數呈明顯[12]。本書認爲誘因不限於持股，各種金錢上的誘因都應該算入，但美國的獨立董事真的誘因不足嗎？

【獨立董事的薪資範例】

美新週刊（U.S. News & World Report）在二〇〇二年四月十五日一期有一個專題報導探討外部（獨立）董事的問題，這篇報導特別提出三位典型的「職業」董事（因爲擔任多家董事），一位是非洲裔的 Vernon Jordan （投資銀行家與律師），一位是前共和黨藉參議員米契爾（George Mitchell），另一爲是 Verizon 通訊公司（由 GTE 與大西洋貝爾合併而來）的總裁兼共 CEO（該公司有兩位 CEO）Ivan Seidenberg[13]。以 Jordan 先生爲例，他是莎拉李（Sara Lee，有名的食品公司）的外部（但非獨立）董事[14]，該公司董事任期爲一年（每年改選全額），他的每年保有費（retainer，其實就是薪水）是六萬五千美元，每年可無償取得股票選擇權（可買一萬股），該選擇權不可轉讓但對最近親屬除外，可依公平市價在十年內向公司行使，外部董事如 Jordan 先生還可選擇遲延計畫，他可將所得的全部或一部投資於投資帳戶，投資會算入利息與增值價值，而在其選擇的時間以現金提領。

由於各公司對董事的酬勞種類各有不同，除上述保有費與股票選擇權係最普遍外，其他常用的尚包括出席費（如我國的車馬費），每次從七百五十元到二千元都有。一般美國董事會每年開會次數在六次左右，但因有下設的委員會開會，所以開會次數在十幾次上下，而 Seidenberg 擔任董事的維康公司（Viacom，涵蓋影藝、有線電視、廣播、書籍發行、錄影帶租賃等），他參加了二十六次會議（可能因為他是審計委員會成員）。

此外，無償配給董事股票也很常見，前參議員米契爾從全錄公司收到了市價二萬五千元的股票。至於十目所視的安隆，可以作為基本範例來看，以二○○一年股東會委託書申報資料來看，所有外部董事（含獨立與關係董事）的年度服務費是五萬美元，下設之委員會主席可多取得一萬美元，出席費（含委員會）每次一二五○美元，同樣也有遲延計畫（從一九九一年開始，以後有二次修正），所有董事共有一百一十萬七千九百四十二美元（至二○○○年），每位董事平均有七九一○七美元。

獨立董事的抗壓性

第二個可能的理由是獨立董事自己的獨立性不夠。兩位作者對此的闡述不夠，似乎是認為獨立董事本應抗拒 CEO 的壓力，而獨立董事實應為股東負責（畢竟在形式上是由股東所選出），不過現行美國法律對於機構投資人參與董事會有許多限制（見第十一章），也跟董事的選任方法有關（見下一章）。

獨立董事看似獨立實則未必

第三個可能的理由是雖然獨立董事在形式上符合獨立的要件，可是實質則未必。爲什麼這家公司請這個人來當獨立董事是一個很值得思考的問題，在美國，獨立董事充斥著前政府官員、前財務或法律顧問、大學校長與教授（通常接收該公司的捐獻）等等社交名流，可以說這些人符合上市獨立性或 ALI 公司治理等的要求，但這些人與公司的高層以及相關的外部（非獨立）董事是社交上的朋友，而「朋友」字眼，是很困難作爲法律排除的要求的。試問 CEO 或是提名委員會的成員，會登廣告招募獨立董事嗎？是以人情必然存在，而有人情則獨立性必然會有減損。

【安隆公司董事會的結構】

依據安隆所公開的資訊，其二〇〇〇年董事會有十四席董事，審計委員會由六位獨立董事組成，分別是主席 Robert K. Jaedicke 博士（已退休的前史丹佛大學商學院院長、會計學教授，並兼任其他三家公司董事）、陳啓宗先生（香港上市公司恆隆集團董事會主席，並擁有一個投資集團，並兼任關係企業董事會主席及多家國際性公司董事）、Wendy L. Gramm 博士（經濟學者、喬治梅森大學莫克特司中心行政法規研究計畫主任、前聯邦商品期貨交易委員會主席、前芝加哥商品交易所董事，並兼任三家公司董事）（事實上她是德州共和黨籍參議員葛蘭姆的妻子，韓裔美國人，但這並未揭露在申報文件中）、John Mendelsohn 博士（德州大學癌症中心院長、前紐約史隆—凱特林癌症紀念中心藥學部主任、現任 ImClone 系統公司董事）（ImClone 公司的癌症新藥被美國食物藥物管理局否決上市，其創辦人涉嫌在知道消息後公開揭露前與親屬賣出股票而受內線交易之調查，他並且將此消息告知一位美國名女人 Martha Stewart，造成重大的社會與金融事件）、Paulo V. Ferraz Pereira（前里約熱內盧銀行 CEO、現任 Group Bozano 公司執行副總裁）、John Wakeham 爵士（保守黨，英國媒體申訴委員會主席、曾做過能源部長、上議院議長與下議院議長，現並擔任多家英國上市公司董事）。

從這六位董事的背景，似乎可以看出一些獨立董事取捨的端倪。附帶一題，安隆總部位於德州休士頓，是小布希競選最重要的金主。

獨立董事夠獨立但不專業

第四個可能的原因是獨立董事可能是另一產業的CEO，對不同的產業認識不多，也不可能花太多時間深入研究，故雖然具有獨立性，可是對公司產出毫無幫助。譬如前述的莎拉李公司有一女性董事 Joan D. Manley（同時是該公司報酬及財務兩委員會成員），六十九歲，背景是前時代公司（出版時代與生活等雜誌）的集團副總裁與董事，會使人想起「社交關係」而非獨立性，且美國有些公司的確爲了平權考量，會刻意納入女性與少數族裔以強調其多元性，但多元性未必等於獨立性，獨立性未必等於專業性。

獨立董事能否增加公司價值？

第五個可能性是獨立董事必須適所方能增加價值，故應放在適當的委員會發揮所長。但美國企業越大，董事會下的委員會也越多元，理論上這應不是問題，而兩位作者引述近來的實證研究，極少證據顯示審計、提名與報酬委員會影響公司的表現[15]。

紐約證券交易所對獨立董事之改革芻議

如此看來，獨立董事在實證上的表現遠低於預期，特別是二〇〇〇年後美國證券市場不斷爆發的企業詐欺事件，而安隆案可說是轉捩點。前美國證管會主席哈維・比特（Harvey Pitt）於二〇〇二年二月，請求 NYSE 就其上市標準中的公司治理部分，加以檢討改進。NYSE 因此組成公司責任與上市標準委員會負責修改上市公司公司治理的要求，並對外徵求修訂意見，而於二〇〇二年六月公布修訂方針，並於八月一日經董事會通過並正式對外公告結論（將會具體化於其上市標準中）[16]。

【NYSE 的改革結論】

1. 董事會成員過半數須是獨立董事；董事會下設全由獨立董事組成的審計、報酬與提名委員會。但如果該公司的股份有五〇%以上為另一人、集團或公司而非公眾所持有，則只要有一完全由獨立董事所組成的審計委員會，成員至少三人即已足。（現制只有要求審計委員會）
2. 非管理階層董事（即外部董事但不限於獨立董事）之定期會議應無管理階層在場。（現制無）

3. 董事之獨立性應由董事會確認其與上市公司間無重大關係（包括與公司的直接關係或以某機構的合夥人、股東或經理人身份，而該機構與公司有關係）。（現制有較大的裁量彈性）
4. 獨立性旋轉門從三年提升至五年。即公司的前員工、前簽證會計師、某公司的前員工—若其報酬委員會成員中有人是此上市公司的經理人，以及前述人等的最近親屬在離職五年後才符合獨立性。
5. 上市公司都要建立內部稽核機制。（現制無）
6. 審計委員會成員的報酬僅能從上市公司所支付的董事酬勞而來。（現制無）
7. 上市公司必須建立並公布事業行為與職業道德準則（code of business conduct and ethics），以及各委員會章則，若有董事或高階經理人有對此準則章則的排除不適用，應迅速揭露。（現制無）
8. 股票選擇權計畫應經股東會決議通過，但激勵員工選擇權、從購併而來的選擇權及符合稅法的計畫如 401(k)與員工股票選擇權計畫不在此限。（本原則原來就有，但新制較仔細）經紀商代客戶就上述事項提案投票時必須得到客戶的指示。（現制經紀商的裁量權較大）
9. 上市的外國公司必須揭露其公司治理實務與 NYSE 之公司治理標準任何重大不同之處。（現制無）

10. 上市公司的 CEO 必須每年具結證明他不知悉公司有任何違反 NYSE 公司治理標準之規定。(現制無) 11. 對違反公司治理標準者,除了既有的下市處罰外,NYSE 得發布公開譴責信。(後段現制無) 12. NYSE 促請每一家上市公司對新任董事建立「新生訓練計畫」。(現制無) 13.與相關公司治理的主要機構合作,NYSE 將成立董事研訓機構。(現制無)

就表面上來看,紐約證券交易所的公司治理改革似乎頗有聲色,但其重點還是在獨立董事的角色,其餘的不是已經是公司實務所遵行(如內部稽核與行爲道德準則),就屬枝微末節。而獨立董事部分,審計委員會已由新法明文規定,差別只在於提名與報酬委員會以及全部董事會成員過半數由獨立董事組成(注意,前述之 NASD 有關獨立董事與審計、報酬與提名委員會之結構,已是修正後的結果,即 NYSE 的起步雖早,但落實較慢)。這裡有兩大問題存在:第一,審計委員會實務早已透過交易所與 NASDAQ 行之有年,但會計帳目弊案仍不斷產生,顯示獨立董事對此不能全盤掌控或獨立董事並非關鍵因素。第二,美國法律與實務逐漸將董事會作爲監督與執行的雙重最高機制,要對 CEO 的大權加以抑制,而獨立董事的負擔加大後,意指投入時間與其他成本提高,但在現實的選任上仍有本節提出的弊病無法解決,畢竟獨立董事是兼任的,專任的就

是內部（不獨立）董事了[17]。而佔多數的獨立董事與少數的內部或外部非獨立董事以及高階經理人之間的溝通諒解必然也會花更多的成本。由此說來，絕對不要以為獨立董事是萬靈丹，獨立董事與管理階層在公司治理下的平衡是一項藝術，過於硬性的法律或強制約束未必對公司與股東帶來最大利益。

董事行為準則、公司治理與最佳實務準則

當美國董事會的角色日趨重要與強調獨立性的提升以後，董事的法律責任便相當不確定。傳統上董事的法律義務都是很含混的，台灣公司法規定董事與公司之關係適用民法的委任契約，而民法第五三五條規定委任受有報酬者應以善良管理人責任為之，否則則是以處理自己事務之同一注意義務為之（責任程度較輕）。台灣許多外部董事只領取車馬費（高低則有不同），而非如美國以所謂保有費之名稱，如果解釋這些董事所取得的並非報酬，則在法律上面責任低，而產生道德風險（拿多少錢，辦多少事）[18]。故最好的方法，董事的權利義務應該以書面契約訂明，確定其義務至少要達到善良管理人的程度。而且董事契約（CEO等高階主管亦同）應以法令強制揭露，達成市場的監督效果。

以「經營判斷原則」來決定董事的法律責任

如果董事會的集體決策事後發現是錯誤的（如投資失利，公司合併但新管理階層經營不善），董事是否應對公司負損害賠償責任，這裡的問題在於因爲沒有違反法令或股東會決議，較無所謂侵權行爲問題，但是否有違反其善良管理人的注意義務而產生違約情況。對此，台灣的公司法學與法院還沒有一套完整的理念，一般學者專家都喜歡參考美國德拉瓦州法院所發展出的「經營判斷原則」（business judgment rule）。

經營判斷原則是指只要董事會的決策是有資訊作後盾的，是本著誠信並深信是爲了公司最大的利益，即使事後證明是錯誤或失敗的，法院也不能在事後臆測，而不會有法律責任（畢竟法官不是企業家，而且事後算帳是違反了企業發展的精神）。但是美國公司法也要求董事負有注意義務與忠實義務，如何拿捏這些義務與經營判斷原則其實是美國這二十年來公司法研究最重要的課題之一，因爲即使是獨立董事也會擔心一時的不查造成將來的法律責任（因此美國又發展出董事經理人的責任保險，見第八章）。

美國曾經有一名案 Smith v. Van Gorkom[19]，故事是葛康（Gorkom）是橫越聯盟公司（Trans Union Corp.）的 CEO 兼董事會主席，本身也是持有相當股份的少數股東，他想在退休前把公司賣給好友羅伯・普利澤（Robert Pritzker），普利澤是當時有名的公司購併者。雙方成交價是每股五十五美元，而當時橫越聯盟在 NYSE 交易的市價是三十七、三十八美元左右，這是一個雙方合意的公開收購案。但有股東提起訴訟，認爲董事會以每股五十五元將公司賣掉是侵害了股東與公司的權益，而德拉瓦州最高法院判葛康及董事們敗訴，賠給股東的和解金是二千三百萬美元（這裡普利澤有俠士精神代付了一千三百五十萬元，其餘由保險公司支付董事責任保險金）。

問題出在那裡？德拉瓦州最高法院認爲董事會怠於進行獨立的公司價值評估（如找投資銀行評估）或有任何簽約後的可信賴的市場反應檢查（market check），也沒有在契約中有妥善的條款使得董事會能考慮更高的價格（董事僅有一周的研究時間，而真正會議討論時間僅有兩小時，過於急促）或終止契約，外部董事們在董事會上對於葛康的強勢主導並沒有任何的阻止，而有一些人士也接觸公司想買下，董事會也不加以考慮，以此種種，最高法院認爲公司的董事實在是有重大過失（gross negligence），而已經無法受到經營判斷原則的保護[20]。

公司治理準則與最佳實務準則的普及趨勢

雖然後來德拉瓦州法院不再採用重大過失做爲審查董事義務的標準（改採一般過失理論），可是從葛康案後，董事會的程序進行變得異常重要，如何才能使董事會在決策或監督上不造成法律責任，變成公司在規劃董事任務時的一項重任。開始的發展是，一些重量級機構投資人與專業機構（如美國會計師公會）開始鼓吹公司內部要建立「公司治理準則」（Charter of Corporate Governance）或「最佳實務準則」（Code of Best Practice），論其實際就是在公司章程下建立內部控制與法令遵循制度（見第七章），讓所有的公司內部成員，特別是董事與高階經理人有一基本的行爲規範，本章曾述及之美國法律學會所訂之「公司治理準則」亦是。

上述的主張逐漸得到企業的回應。而在董事的行爲準則部份，通用汽車公司在一九九四年所公布的其董事準則，以及相關機構如全國公司董事協會（National Association of Corporate Directors）也有類似的貢獻，而美國律師公會（American Bar Association，或譯爲美國法曹協會），也刊行了「公司董事指導手冊」（Corporate Director's Guidebook，目前已至第三版），都提供了董事特別是獨立董事的行爲指導原則。對董事而言，這些準則有使董事更能了解自己的責任與義務，對法官而言也是一個輔助的法律責任參考指標。而 NYSE 與 NASDAQ 也透過上市準則的要求使上市公司都訂立此類規範，故在美國類似公司治理的內部程序與作業性規範，已經是一普遍遵循的制度，而二〇〇二年沙班尼斯－奧司雷法更將一些內部準則法制化，特別是在審計委員會及公司與查核會計師的互動關係上（後者見第十二章）。

OECD的公司治理原則與國際公司治理比較

最後要提的是，國際經濟合作發展組織（Organisation for Economic Co-operation and Development，簡稱OECD）在一九九九年發布了公司治理原則（OECD Principles of Corporate Governance），頗受國際間矚目，該原則共分五節（股東權利、股東的平等待遇、利害關係人stakeholders在公司治理的角色、揭露與透明性、董事會責任），其實內容十分簡單，可以說是美國法制精神的國際化（因爲是美國人主導），也就是透過公司內外部機制達成公司治理的目標。當然，要如何落實還是有待各國修改其相關法令。本書認爲，OECD的內容在美國人來看是老生常談，可是對許多歐洲與亞洲國家地區經濟體（包括台灣），特別是在公司法仍視所有權與經營權合一爲原則，而證券市場正在蓬勃發展的國家，還是有很多連這些原則都無法達成，這對美國背後所代表的經濟利益是無法忍受的事。

而確實美國有此立場，在一九九八年有拉波塔（Rafael La Porta）等四位美國學者調查了四十九個國家地區法律對公司債權人與股東的保護，這四十九個國家地區又分爲英美法區、法國法區、德國法區、斯堪地那維亞（北歐）區（後三區爲廣義的大陸法系），台灣與日、韓被歸爲德國法區，大陸則未被列入調查對象。結果是英美法系地區對股東與債權人的保護普遍優於大陸法系地區，而大陸法系中又以法國系統最差。至於在執法上面英美法地區、德國與北歐法區都很好，法國法系區則較差。

這篇非常重要的研究在結論部分有幾項有趣的分析與觀點：第一，對投資人保護較弱的地區會尋求替代的法律強制手段，如法定保有盈餘或公積（如台灣）、強制盈餘分配，或者這些地區的股權較集中（如台灣）；反過來看，對投資人保護以及會計制度越好的國家，其股權就較不集中。第二，成熟的證券市場確實有助於經濟成長，較成熟的金融體系顯示出對外部資金有相當倚賴的資本集中產業有較佳成長的效果，而對投資人保護較弱的地區確實其證券市場規模明顯較小。第三，對投資人保護的缺失雖對金融發展與成長有負面影響，但也有例外，如法國與比利時[21]。當國際上的資金流動越來越頻繁之時，國際投資人已非傳統的政府或銀行的國際融資者，而是私經濟證券市場中的機構投資人，而公司治理，正是在此種環境下成爲國際性的課題，因而帶動國際間公司證券法制的美國化趨勢。

---

[1] 田志龍，經營者監督與激勵：公司治理的理論與實踐，

頁 173，1999 年 6 月 1 刷。

[2] CAROLYN KAY BRANCATO, INSTITUTIONAL INVESTORS AND CORPORATE GOVERNANCE: BEST PRACTICES FOR INCREASING CORPORATE VALUE 152-155 (1997)

[3] *See* Stephen M. Bainbridge, *Director Primacy: The Means and Ends of Corporate Governance* (2002) (UCLA School of Law Research Paper No. 02-06), *available at* http://papers.ssrn.com/abstract=300860. 這是一篇理論性著作，相當正確地描述了董事會已取代股東成爲公司治理的重心，並嘗試闡述及修正布萊爾的團隊生產理論（見第二章），但文章中忽略了董事會被誰監督的問題，否則代理成本只是移轉而未減少。

[4] 見大衛・法柏（David Faber）、肯恩・柯森（Ken Kurson）著，陳琇玲、藍美貞、高仁君譯，法柏報告（The Faber Report），頁 306，2002 年 7 月 31 日初版 1 刷。

[5] Robert H. Hamilton, *Corporate Governance in America 1950-2000: Major Changes But Uncertain Benefits*, 25 J. CORP. 349, 351 (2000).

[6] 依準則第一・三一條，公開發行公司的定義是公司權益證券持有人不少於五百人且資產不少於五百萬美元；若一公開發行公司連續兩個會計年度資產低於五百萬元，將終止其公開發行公司的資格。

[7] 依準則第一・二四條，大型公開發行公司是指一公司的權益證券持有人不少於二千人且資產不少於一億美元，若一大型公開發行公司連續兩個會計年度資產低於一億元，將終止其大型公開發行公司的資格。

[8] *See* Item 401(h) of Regulation S-K, 17 C.F.R. §229.401(h) (2003).

[9] *See* Hamilton, *supra* note 5, at 362.

[10] 劉紹樑，從莊子到安隆－A+公司治理，頁 138（引載

Global Advisors 顧問公司的統計），2002 年 11 月 30 日第 1 版第 1 刷。

[11] *See* Sanjai Bhagat & Benard Black, *The Non-Correlation Between Board Performance and Long-Term Performance*, 27 J. CORP. L. 231 (2002).

[12] 這兩篇實證研究分別是 Sanji Bhagat et al., *Directors Ownership, Corporate Performance, and Management Turnover*, 54 BUS. LAW. 885 (1999)（發現持有相當股份的董事比較容易替換 CEO）; Michael E. Bradbury & Y.T. Mark, *Ownership Structure, Board Composition and the Adoption of Charter Takeover Procedures*, 6 J. CORP. FIN. 165 (1999)（紐西蘭公司的董事如果是代表外部與公司無關係的大股東，比較容易訂定鼓勵被購併的章程）。

[13] Matthew Benjamin, *Cardboard Board*, U.S. NEWS & WORLD REP., Apr. 8, 2002, at 28-30. 本節所述的數據資料，除上所引外，尚包含作者從美國證管會網站電子申報系統所查閱各該公司的申報資料，主要是各公司的 Definitive (Schedule) 14A（股東會委託書徵求資料，即開會文件）。

[14] Jordan 是 Lazard Freres & Co.（著名投資銀行—證券商）的資深執行董事，該投資銀行是莎拉李的投資銀行顧問（如證券承銷）。類似這種董事，有學者稱爲關係董事（affiliated directors）。

[15] *See* April Klien, *Firm Performance and Board Committee Structure*, 41 J.L. & ECON. 275 (1998).

[16] *See* NYSE, NEW YORK STOCK EXCHANGE ACCOUNTABILITY AND LISTING STANDARDS COMMITTEE (Jun. 6, 2002); NYSE Approves Measures to Strengthen Corporate Accountability, *available at* http//www.nyse.com/press/NT00545421.htm.

[17] 美國已有著名公司法學者從實證與理論觀點對 NYSE 的

新公司治理原則提出質疑，立論相當精采，其精髓就在於董事獨立性是否應如此強調，也質疑對全部上市公司一致性的要求會使公司在運作上失卻彈性。*See* Stephen M. Bainbrdige, *A Critique of the NYSE's Director Independence Listing Standards* (2002) (UCLA School of Law Research Paper No. 02-15), *available at* http://ssrn.com/abstract_id=317121.

[18] 最高法院69年台上字第4049號判決似乎傾向認爲車馬費不是報酬。我國企業實務有認爲僅開會的董監事只應享有車馬費（若有報酬，就算是公司員工了，但這種論點又牴觸實務上許多公司讓董監事可以分紅，而分紅屬於報酬自無問題），但這對董監事的投入是個反誘因。

[19] 488 A.2d. 805 (Del. 1984).

[20] 以上資料參見 William T. Allen *et al.*, *Function Over Form: A Reassessment of Standards of Review in Delaware Corporation Law*, 56 BUS. LAW. 1287, 1299-1300 (2001); Roundtable Discussion, *Corporate Governance*, 77 CHI-KENT L. REV. 235-43 (2001).

[21] *See* Rafael La Porta *et al.*, *Law and Finance*, 106 J. POL. FIN. 1113 (1998).

第四章　台灣上市公司董事會與公司治理

「雖然公司治理可以防弊，但是不能夠捏得太緊，那麼會無法呼吸」
倫敦證券交易所副董事長 Ian George Salter，
商業週刊第 798 期
「（公司治理）只解決問題的一部分。公司治理是制度的改革‧‧‧‧我們以美國馬首是瞻，美國道德淪喪，我們也跟著。假如美國需要一層改革的話，我們至少需要四層、五層的改革。」
張忠謀，商業週刊，第 765 期

前一章所談到的董事會主要還是美國董事會所產生的的公司治理問題，在台灣則未必相同，這涉及到台灣公司法制與美國有相當的差異，當然也有企業規模，社會經濟文化等等的差異所造成。但這些差異，是否的確造成台灣企業的公司治理績效不如美國或其他歐美先進國家，是一個耐人尋味的問題。OECD 甚至直指亞洲金融風暴產生的一個根本原因就是貧弱的公司治理，包括公司經營者缺乏有效的懲治、公司、所有者與資金提供者間不透明與複雜的關係，因而嚴重影響了投資人的信心[1]。台灣似乎躲過了一九九七年的亞洲金融風暴，可是至一九九八年以後上市公司不斷的發生弊端（有名者如東隆五金、國產、順大裕等等），以及金融機構的嚴重呆帳，也似乎證實了 OECD 的分析。從本章開始，我們將討論台灣董事會結構的諸項問題，並參考國外的立法與實務加以評析。

董事的選任方法

在台灣選總統，每位選民只有一票，得票數最高的候選人當選總統。而立法委員的選舉，每位選民同樣只有一票，但採選舉區制，有很多的候選人，當選名額則依據該區人口數決定，由得票數較高的候選人當選，所以在二〇〇一年北市第二選區有三十七位競爭者搶十個席次，許多被看好形象清新的候選人反而落選，被歸咎於選民自動配票的結果。

而上市公司的董監事選舉方法，並不如一般所想的是一股一票或一人一票，在特殊的制度上，導致公司治理的不同效果。

累積投票制

在二〇〇一年十一月公司法修正以前，台灣的公司董事選舉（監察人亦然）是採取強制的「累積投票制」（

cumulative voting)。所謂累積投票,是指股東在選董監事時,其票數是其股數乘以應選席次數,而將此票數,集中選舉一個候選人,也可以分散選舉數個或全體候選人,換言之,股東可自由將其選票投給自己認可的候選人,而且可自由拆解總票數。譬如這次台積電有五席董事要改選,有六個人競選,我有一張即一千股,則我的總票數是五千票,我可以將五千票投給張忠謀一人,我也可以拆成二五〇〇/二五〇〇票分投給兩個候選人,也可投給四個候選人,每人分別是一〇〇〇/五〇〇/三〇〇/二〇〇/三〇〇〇票,隨我高興。

累積投票制在公司治理上有什麼意義?在設計上,累積投票制是源自政治學上的比例代表制(proportional representation),是保障在多黨政治下小黨的代表性與較精確反應選民的動向,但置於公司結構下,則意味著保障少數股東在董事會的代表性。譬如一公司有五席董事,A股東有二十%的股權,A股東可以取得一席董事,而佔有八〇%股權的B股東最多也只可取得四席董事,故或許A無法支配董事會,但因參與董事會事務,至少可以有效減少B違法或不當的經營。由此觀之,累積投票制似是一種良好的公司治理機制。

但事實上,累積投票制適用在台灣的上市公司上,其實功能相當有限,這必須從其目的性來看。當初累積投票制之適用於公司,都是假設這家公司是屬於股東人數有限而股權結構緊密的閉鎖性公司。如果是上市公司,由於股本龐大股權極度分散,累積投票制對小股東(不是少數股東）是沒有用的，譬如你有台積電一%股票,改選五席你還是選不上（至少要有二〇%）；此外，另一個變數是如果董事席次愈少，少數股東的勝出機會越低，譬如只有三席董事，你至少要有二六%的股權才能選出一席，而台灣許多公司利用分期改選（如每年改選三分之一，公司法並不禁止），也同樣達到稀釋累積投票制的效果[2]。

但是如果一個小股東結合委託書的徵求，或許持股能達到一定比例，而能當選董事，這在過去台灣股市規模較小且委託書之蒐購還是合法時尚能見到（如委託書大王陳德深身兼多家上市公司董監事），如今已趨式微；而即使是市場派目前可用委託書進入股東會，其心態也有可議之處（見第十章對委託書的分析）。

而在美國的資本市場中累積投票制係屬任意規定，故沒有公司願意主動修改章程來砸自己的腳（雖然確實有小股東提案，但無法過關，即大眾股東都不認可）。故美國的企業文化中，固然強調董事會的獨立性，但並不認爲董事會之組成代表各種股東（以股權計）的利益，這可能是股權絕對分散下的思維。在台灣的許多公司，其股權結構可能反映了這家公司是幾家集團所共同合資，而累積投票制所選出的董監事，可能正反映了這幾位主要出資者的股權比率、影響力與控制力，而大眾投資人其實未必能從累積投票上享有公司治理的效益。

直線投票制

而公司法在二〇〇一年十一月修正後，規定公司得以章程排除累積投票制，但該條文並沒有規定公司還有那種選舉董事的方法，就各國實務，董事的選舉是採取「直線投票制」(straight voting)，其實質爲複選舉制[3]。如果有候選人十席(應選名額幾席在所不問)，股東可勾選一人、數人或全體，但被勾選到的候選人票數就是股東的持股數。換言之，你有該公司十股股票，投給候選人A，A拿到十票，你投給A與B，A與B各拿到十票，以此類推下去。故直線投票制的特色在於，如果一個集團能控制五〇%以上的股權，他所提名的董事必然全數當選，而即使你有四九．九九%的股權，你也無法取得即使一席的董事席次(除非事先協調)。

直線投票制在公司治理下的重要性，本書採取保留的看法。由於美國的上市公司股權分散及投資人的特性，公司經營者完全掌握股東的投票，只要他控有五〇%股權以上的委託書，而投資人通常必定投給公司的提名人，故股東想要說服其他股東更換全體董事是十分困難的(要影響五〇%股權以上股東)，如果成功，那就是經營權的移轉，必然是經營權爭奪戰的結果，這種少見的情形要有一些基礎條件先符合(如利用公開收購或委託書徵求)。若排除這些因素，直線投票制本身是有傾向維持現行管理階層的趨勢。

如果將來台灣的上市公司考量修改章程引進直線投票制，必定是經營者（如家族或控股集團）有十足的把握掌握五〇％以上股權，且可能有意排除少數股東（但未必是小股東）利用累積投票進入董事會分享經營權；或者是該公司股權分散已有相當規模，內部人持有的股權微乎其微，如美國的大型企業一般（但法律上不可能，因證交法有董監事持股成數要求，見下），累積投票制的原意在該公司內已不存在了。

總而言之，公司法第一九八條關於董監事的選舉將累積投票制改為法定的任意制度應值得肯定，強化經營者控制董事會的組成，而與國外實務趨近。當然接下來的就有可能發生與歐美相似的問題。

董事的持股成數要求

下面是一些上市公司董事長二〇〇三年元月的(1)持股數與(2)持股占公司發行股數的比例，想一想，這些數字有沒有什麼意義。

台 塑：王永慶 (1)131,761,251股；(2)2.9%
台積電：張忠謀(1)91,759,787股；(2)0.46%
聯 電：曹興誠(1)83,792,552股；(2)0.54%
茂 矽：胡洪九(1)29,264,295股；(2)0.8%
京元電子：李金恭(1)14,497,451股；(2)21.87%
久津實業：郭保富*(1)5,780,671股；(2)0.19%
中 鋼：林文淵*(1)0股；(2)0%
開發金控：劉泰英*(1)0股；(2)0%；
陳敏薰（代） (1)1,559,338股；(2)1.37%
中華高鐵（未上市上櫃公司）：殷琪(1)0股；(2)0%

*表示該董事長是法人董事之代表人，而此處股數計算係以該自然人（非其背後之法人）之持股。
資料來源：公開資訊觀測站

這次的公司法修正，同時廢除了董監事應爲股東的規定，不過證券交易法並未同時修正，依證交法第二十六條第一項：「凡依本法公開募集及發行有價證券之公司，其全體董事及監察人二者所持有記名股票之股份總額，各不得少於公司已發行股份總額一定之成數。」第二項規定：「前項董事、監察人股權成數查核及實施規則，由主管機關以命令定之。」財政部證期會據此訂定了該行政命令。

現在的問題是，董監事持股成數或公司法修正前要求董監事持股，以及目前對公開發行公司仍適用的持股成數，是否有降低代理成本的意涵？

董監事持股成數的立法目的與疑問

按美日等先進國家，並未對董監事持股有任何的要求，而我國證券法的早期權威賴英照大法官亦曾撰文詳細分析本條的立法目的，是爲了(1)使董監事與公司利害與共，堅強其經營信念，(2)健全公司資本結構，以及(3)防止董監事做投機性買賣，影響投資人權益[4]。這三點規範性假設，有必要加以分析，如果屬實，則持股成數的要求自然會是很好的公司治理機制，國外公司法都應參考我國的立法例。

就第一點而言，是否持股與公司經營有正向關係，就目前法律經濟學的代理成本來看，似乎是正確的。因爲一個百分之百由經營者所有的公司，所有權與經營權結合當然是最有效率，代理成本趨近於零。在第二章已經提及，閉鎖型公司無法處理多元化的事務，當公司規模達到一定程度時，在專業性與資金上必須向外求援，代理成本雖會產生，但會沖銷發展的瓶頸。而在國家政策上，資本大眾化以及資本市場的發展也是一個考量的重點，沒有人會說美國企業因爲董事沒有持股就普遍經營不善。現在的問題則是平衡董事權限與監督的問題。

退一步言，即使承認董監事持股成數使得公司經營者有利害與共的效果，但如何拿捏成數的多少，也是一個很難量化的問題。證期會所制訂的「董事監察人股權成數查核及實施規則」嘗試以資本額的大小級距來作爲依據，見下表。

由於證期會從來沒有說明立法理由，我們也無從得悉這些百分比數字的依據，但可以看出的是，只要資本額愈大，持股要求就愈低，而台灣上市公司實收資本額在二十億元以上者占大多數，這麼資本龐大的公司董監事只要有五·五%的總持股就算是與公司利害與共嗎？

【現行董監事持股成數級距】

1. 公司實收資本額在三億元以下者，全體董事所持有之記名股票之股份總額不得少於公司已發行股份總額之一五%，全體監察人不得少於一·五%。
2. 公司實收資本額超過三億元在十億元以下者，全體董事所持有之記名股票之股份總額不得少於公司已發行股份總額之十%，全體監察人不得少於一%。但依該比例計算之全體董事或監察人所持有股份總額低於前款之最高總額者，應按前款之最高總額計之。
3. 公司實收資本額超過十億元在二十億元以下者，全體董事所持有之記名股票之股份總額不得少於公司已發行股份總額之七·五%，全體監察人不得少於〇·七五%。但依該比例計算之全體董事或監察人所持有股份總額低於前款之最高總額者，應按前款之最高總額計之。
4. 公司實收資本額超過在二十億元以上者，全體董事所持有之記名股票之股份總額不得少於公司已發行股份總額之五%，全體監察人不得少於〇·五%。但依該比例計算之全體董事或監察人所持有股份總額低於前款之最高總額者，應按前款之最高總額計之。

台灣上市公司董監事持股的統計分析

近十年來台灣的證券市場的規模日趨龐大，一個理由是上市公司家數成長快速，另一個原因是公司不斷配發股票股利，資本額同步放大，使得股權分散的情形日趨明顯（即使有上述的持股成數限制）。作者根據台灣證券交易所公布之資訊，至二〇〇三年一月份，統計六四七家上市公司董監事持股成數如下：

董監事持股比例	家數	上市公司總家數比例
9.9%以下	103 家	15.92%
10-19.99%	209 家	32.30%
20-29.99%	170 家	26.28%
30-39.99%	92 家	14.22%
40-49.99%	41 家	6.34%
50-59.99%	19 家	2.94%
60-69.99%	9 家	1.39%
70-70.99%	3 家	0.46%
80-89.99%	1 家	0.15%（中華電信）

我們再結合與比較以前學者的統計[5]（大法官賴英照一九八五年四月、政大國貿系楊光華一九九三年十月、台大法律系余雪明一九九八年二月），董監事持股在九．九九％以下稱之爲不穩定控制，一〇至一九．九九％稱爲少數控

制，二〇至四九・九九％稱爲準多數控制，五〇％以上稱爲多數控制，表列如下：

	1985 年	1993 年	1998 年	2003 年
9.9%以下	2.6%	12.25%	13.43%（54 家）	15.92%（103 家）
10-19.99%	28.6%	30.8%	32.59%（131 家）	32.30%（209 家）
20-49.99%	51.7%	46.3%	46.52%（187 家）	46.83%（303 家）
50 %以上	17 %	10.7%	7.46% （30 家）	4.94% （32 家）

從上面的數據來看，雖然上市公司的家數在近四年來增加頗多，但以股權與經營權分離的現象來看，其實並不明顯，與美國並不相同。理論上即使有持股成數限制，但董監事的平均持股遠大於此。一個理由可能是董監事自願持有相當的股份，另一個則是交易所的強制集保要求（上櫃公司亦同），後者對於較新上市（或從上櫃轉來）的影響最大，是以專從電子業的持股成數，會發現其準多數控制較普遍：

9.99%以下：14.97%（28 家）
10-19.99%：32.09%（60 家）
20-49.99%：49.20%（92 家）
50%以上：3.74%（7 家）

證交所的強制集保規定

證交所依據其上市準則第十條，規定申請上市的公司董監事與百分之十以上股東之持有股票必須強制集中保管（資訊軟體業另有額外規定），且公司相關人等提交集保的股份總額必須符合下列門檻（未達門檻要找其他股東補足，故會有一些倒楣的股東）：

一、 已發行股份總額在三千萬股以下者，應提交股份總額三〇％。

二、 已發行股份總額超過三千萬股至一億股以下者，除依前款規定辦理外，超過三千萬股部分，應提交股份總額二〇％。

三、 已發行股份總額超過一億股至二億股以下者，除依前款規定辦理外，超過一億股部分，應提交股份總額一〇％。

四、 已發行股份總額超過二億股者，除依前款規定辦理外，應提交股份總額一五％。

前屬人等的五〇％持股，且總計不低於前面四款的總提交比例部分，從上市買賣日起滿二年後始得領回五分之一，其後每半年得領回五分之一（故要四年方能全部領回），至於個人另外五〇％的持股自上市買賣日起滿一年始得全數領回。在此強制集保期間，禁止任何轉讓處分質押等行爲（即使你死掉了變成繼承財產亦然；如果你喪失了董監事身份亦然，除非你能找到其他在申請上市時的其他董監事願意補足你的集保部分，你才能領回）。至於四年後你真的能領回全部嗎？理論上可行，但目前主管機關將董監事存入集保公司的股份「視爲」你所有的持股（即使你放在家中保險櫃，主管機關也不列入持股成數），且如果你的賣出股票行爲造成董事（或監察人）總持股低於法定成數，證期會可以處罰全體董事（或監察人）（但獨立董監事除外），這是行政罰的連帶責任，可處十二萬元以上六十萬元以下罰鍰，如果持續不補足，主管機關還可連續處罰（證券交易法第一七八條第一項第四款、第二項），故一個董事的賣股票行爲會連累其他董事。

強制集保有無公司治理的效果，必須要有實證證明，不過當初主管機關的用意，是希望管理階層用心經營公司，不要刻意炒作股票或利用本身持股獲利，更重要的是，主管機關擔心一旦公司上市後，股價飛漲，內部人因此拋售持股，最後董監事因而解任（依公司法第一九七第一項及二二七條，公開發行公司董監事在任期中轉讓持股超過二分之一，當然解任），造成公司空洞化，成爲空殼公司。主管機關在一九九八年甚至考慮對上市公司的董監事持股採終身集保制，當然業界反彈，且有違憲問題故不了了之。

董監事持股成數的流弊

主管機關的考慮固然有據，可是未免太強調持股與經營的必然性，果真如此，則獨立董事又有何意義，證期會在二〇〇二年十一月修正「公開發行公司董事監察人股權成數及查核實施規則」時，規定有獨立董監事之公司，其持股成數打八折計算，且獨立董監事本身不算入持股成數範圍內，也不會因持股不足受到連帶行政罰處分。這個新修正規定，只顯現出主管機關在公司治理的發展下束手束腳的窘境，更彰顯持股要求的矛盾。

在美國，公司上市時，大股東與內部人會與承銷商簽訂鎖碼協議（lock-up agreement），通常爲六個月期間，避免影響股價，另一是避免證管會會依規則一四四（Rule 144）視爲是內部人的轉讓行爲是原發行的一部份（時間距離太近、數量太大），而違反了申報與公開揭露，而可能招受嚴厲的民事、刑事與行政法責任。但原則上美國的限制較我國爲寬，他們並不認爲公司內部人就不能賣股票獲利（只要沒有內線交易），這是股東應享的權利，而且美國本來就不要求董事有持股的要求，則我公司法第一九七條第一項其實就公司治理來看甚爲不妥（比如我是僅持有一張股票的非獨立董事，我將股票賣掉，因爲轉讓超過二分之一，則我的董事身分也喪失）。更何況即使我國強制董監事大股東股票集保，如果他刻意要炒作股票，他還是有很多管道，且強制集保相對意味該公司的股份流通量其實變小（

雖然已發行股份數不變），對於資本額較小的公司，其實有心人更容易去操縱，證交所的加權股價指數也會不實（是依據各公司的上市股份數而非實際流通數來計算權值）。

至於董監事持股成數的第二點立法理由，是健全公司資本，實在看不出來有任何關係，因爲證券市場本就是要大眾參與形成公司資本。

至於第三個理由是防止董監事做投機性買賣，影響投資人權益。前面已說過，如果董監事真的要炒作股票，光是最低持股門檻是沒有用的。撇開上市之初的強制集保不談，證券交易法雖然有董監事持股成數限制，但沒有質押限制（民法正式用語是設定權利質權）。董監事可以將成數限制以內的持股向銀行或任何人質押借錢，再來炒作自家股票，或善意的利用借來資金周轉自己合法財務需求（至於有無內線交易或市場操縱，那是另一個問題），是國內股市的常態，顯然立法理由完全不切實際。特別是一些甫上市的公司，因爲資本額較小，而董監事股票又被強制集保，市場流通籌碼少，更容易被自己人或市場主力炒作，有些更與券商合作，發行認購權證，而依法令發行權證的券商要持有一定比例以避險，又使得籌碼更形減少，凡此，都是持股成數所衍生的市場弊端。

家族持股與社會流動

如此看來，董監事持股成數限制，其實弊大於利，實在應予廢止。本書必須指出，國內股市的研究或觀察者很少注意的一個問題，就是台灣上市公司的「年紀」，相較於外國一些數十年甚至百年的企業，其實還多在嬰兒期。尤其是台灣有很多傳統產業是家族企業，這些家族企業，有的是第一代，多數是第二代，有的已經是第三代接棒了。觀照國外有名的公司，你不太會注意有沒有家族的後代還在經營公司（或許該家族成員還持有相當股票）。

美國最近有名的例子就是二〇〇二年惠普（Hewlett Packard）購併康柏的例子，惠普董事華特·惠列特（Walter Hewlett，創辦人之一 Bill Hewlett 的兒子，唯一惠/普兩家族在董事會的代表）反對，但是經過訴訟亦徒勞無功，惠普 CEO 菲奧莉娜（Carleton S. Fiorina）甚至不提名他續任董事。Walter Hewlett 本身持股約有三·九%，而惠普兩家族另有信託基金及基金會等約有一六·三%的持股，但最終合併案以略超過半數門檻的五一·四%通過。

另外在一九九〇年代的一個有名案例是時代雜誌與華納電影公司的合併案，亨利魯斯三世（是時代創辦人亨利魯斯的兒子，魯斯基金會的總裁，控有四·二%的股份）反對這項提案，因為會斷喪了時代的新聞文化，但可想見聲音微薄。目前魯斯家族已完全退出經營圈，其持有美國線上時代華納的股權也不到百分之一，以致該公司的公開揭露資料依法不必揭露，但從魯斯基金會的財報中可看出該公司的持有美國線上時代華納股份的市價（一億九千萬）僅佔基金會的總資產（九億）的九分之二弱。

當外國公司不注重帝王式的繼承經營權，自然經營權隨著時代的更迭向外散去，而白手起家的專業經理人不是神話而是可以努力取得的社會地位，所有權也因家族成員日趨眾多且各有財務需要也逐漸分散於市場。台灣的許多企業卻因法律有意與無意的限制，使得可能較無能力的後代繼續掌控經營權，專業經理人市場無法有效形成，而無法像國外上下階層的移動比較容易，長遠來看，不會是有效率的資源分配。

在美國如果法人股東不能當董事，他如何監督公司經理階層。這個問題涉及到機構投資人的角色以及相關法規的限制，本書在第十一章討論之。除此之外，投資股東必須與經營者談判，使其在董事提名上有他的代表人—但是以該人個人名義擔任。如果該個人董事贊同 CEO 的某項提案但他背後的法人股東不支持，法人也無法替換該自然人董事，只有等到改選時再與經理階層談判，但形式上董事會下的提名委員會會有最終決定權。如果該個人董事支持他的背後法人股東而反對 CEO 與其他董事會成員，那麼下屆他就很可能不會被提名了（如惠普的華特·惠列特）。當然這也是因為美國公司股權分散所導致的行為模式與結果。

法人董事的角色問題

【中央社台北十七日電】執政黨重要核心人士今晚透露，中鋼董事長郭炎土去職已成定局，新任董事長人選，政府高層則已鎖定台灣汽電共生公司董事長林文淵，人事命令也可望在近日內發佈。經濟部以國營事業年輕化爲理由，調整中鋼董事長郭炎土職務，引發郭炎土的強烈不服，他強調過去除了王鍾渝外，歷任中鋼董事長皆是超齡退休，而且他對中鋼的貢獻也是有目共睹，尤其日前才攀登玉山，證明體力仍佳，以年齡做爲撤換職務的理由，絕對無法服氣。（二〇〇二年十二月十七日）

問題：中國鋼鐵公司是一家上市公司，政府持股在百分之五十以下，並非法律定義下的國營企業，而依公司法，公司董事的任免必須經過股東會的投票才能有效。爲什麼執政黨或政府可以單方決定誰上誰下？

法人董事的理論上矛盾

我國公司組織有一個特色，就是有很多所謂的「法人董事」，而在美國或一些先進國家，董事必須是自然人。理論上來講，法人既然在法律上視爲人，且可以當股東，爲什麼不能當董事？美國法的立場通常從實務出發，因爲董事會是最高的決策著，需要專業與經驗人士仔細的審視公司的各項計畫與報表，這必須由自然人利用其大腦獨立地審思，如果由法人派其代表參與，那位代表到底是自己決定還是完全遵照其法人老闆的指示，其實會造成董事會決策上的困擾，如果該代表只是表決機器，那麼法人董事勢必在事先自己的董事會或其總經理就必須要研究分析被投資公司這次開會的各項問題與因應策略，再指示其代表投票或參與原則，在效率上可能是有相當損失的。美國的觀念發展成，董事固然是由股東會所選出，但代表股東全體而非特定股東的利益，利用自然人的腦力貢獻於公司。反之在台灣，受到累積投票制的設計，董事會變成依股權比例傾向「分贓」式的組合，董事代表其背後所控制的股權，法人董事的代表背後實是是大股東利益，在規範面其實是閉鎖型公司的特色，運用在大眾參與的公開發行公司是有很大的效率上爭議的。

公司法第二十七條的實務操作

讓我們看看實務上的作法。法人董事的法源是公司法第二十七條。其第一項規定：「政府或法人爲股東時，得當選爲董事或監察人。但須指定自然人代表行使職務。」關於這一項的問題，近來一些國營企業發生的事件最具代表性，如中鋼董事長從王鍾渝換成郭炎土，再由郭炎土換成林文淵，中美和石化的董事長鄭溫清拒絕交棒給政府指派的陳朝威。事實上，中鋼的經濟部持股是四〇・六％，而中美和是英國石油公司（五〇％）與中油（二五％）、國民黨的中央投資公司（二五％）共同出資。鄭溫清、王鍾渝與郭炎土其實都是政府董事（長）的代表人。現在的問題是政府可以隨時撤換其代表人嗎？由於真正的董事（長）是政府，似乎隨時改派是理所當然之事。可是就股東的觀點來看，公司的營運是由自然人來主持的，股東雖然知道政府是大股東是董事，可是真正經營者是誰也同樣重要。而董事原由股東會所選出，自當由股東會所解任（公司法第一九九條），這是公司最基本的事項，就代理成本理論來看，勢必要由股東會來監督與決定。如果政府或法人董事利用此等方法介入董事會，造成公司管理階層的品質大幅下降，台灣投資人必須要愈來愈注重公司治理帶來公司的成效，而利用利用股價來反應，不好就賣，這也是俗稱的華爾街法則（the Wall Street Rule）。

而公司法第二十七條第二項更是充滿爭議，其規定：「政府或法人爲股東時，亦得由其代表人當選爲董事或監察人，代表人有數人時，得分別當選。」實務上，所謂的法人代表人董事並不區分是從第一項但書或第二項而來。

我們舉台灣橡膠公司爲例（見下表），台橡共有九席董事三席監察人，我們發現財團法人浩然文教基金會（表面上是紀念董事長殷琪的父親殷之浩所設，與前面述及的魯斯基金會大相逕庭）占有四席董事一席監察人，分由不同人代表，而董事殷琪（於二〇〇二年卸下董事長）是該基金會的法人代表人，而董事長係維達開發股份有限公司（代表人為黃育徵），該公司除董事長外另有兩席董事一席監察人，並在大陸工程公司占有五席董事中的兩席（含董事長）及兩席監察人中的一席（浩然基金會在大陸工程亦有兩席董事及另一席監察人）。這種集團企業相互控股甚至利用自設之公益法人或投資或海外公司透過公司法第二十七條占有多數的董監事席次在台灣是極普遍的事。

又如中鋼有十一席董事三席監察人，其中經濟部有六席董事二席監察人（分由林文淵等八位自然人代表之），更不要論同屬政府部門的勞保局也占一席董事（代表人：陳菊）（見下表）。

【台灣橡膠公司董監事經理人持股明細表】

資料年月:9201

職稱(包括董事、監察人、董事代表人、監察人代表人、經理人及大股東)	姓名	選任時持股	目前持股	設質股數	佔持股比例	配偶、未成年子女及利用他人名義持有部份		
						股數合計	設質股數	設質比例

董事長本人	維達開發股份有限公司	21,030,130	21,030,130	21,020,000	99.95%	0	0	0.00%
董事長之法人代表人	黃育徵	0	0	0	0.00%	0	0	0.00%
董事本人	財團法人浩然基金會	46,693,300	44,469,810	0	0.00%	0	0	0.00%
董事之法人代表人	王紹堉	0	0	0	0.00%	0	0	0.00%
董事本人	財團法人浩然基金會	0	0	0	0.00%	0	0	0.00%
董事之法人代表人	李子畏	0	775	0	0.00%	0	0	0.00%
董事本人	財團法人	0	0	0	0.00%	0	0	0.00%

	浩然基金會							
董事之法人代表人	張樑	0	0	0	0.00%	0	0	0.00%
董事本人	維達開發（股）公司	0	0	0	0.00%	0	0	0.00%
董事之法人代表人	陸潤康	0	0	0	0.00%	0	0	0.00%
董事本人	維達開發（股）公司	0	0	0	0.00%	0	0	0.00%
董事之法人代表人	周符民	0	76,958	0	0.00%	0	0	0.00%
董事本人	財團法人浩然基金	0	0	0	0.00%	0	0	0.00%

董事之法人代表人	殷琪	0	10,520,040	9,663,000	91.85%	0	0	0.00%
董事本人	青山鎮企業股份有限公司	489,037	489,037	0	0.00%	0	0	0.00%
董事之法人代表人	鄭大志	0	309,148	0	0.00%	0	0	0.00%
董事本人	青山鎮企業股份有限公司	0	0	0	0.00%	0	0	0.00%
董事之法人代表人	胡新南	0	0	0	0.00%	0	0	0.00%
監察人本人	維達開發（股）公	0	0	0	0.00%	0	0	0.00%

	司							
監察人之法人代表人	吳國樞	0	0	0	0.00%	0	0	0.00%
監察人本人	財團法人浩然基金會	0	0	0	0.00%	0	0	0.00%
監察人之法人代表人	李文彥	0	193,162	0	0.00%	0	0	0.00%
監察人本人	青山鎮企業股份有限公司	0	0	0	0.00%	0	0	0.00%
監察人之法人代表人	虞德麟	0	50,000	0	0.00%	0	0	0.00%
總經理本人	吳俊雄	0	122,079	0	0.00%	0	0	0.00%

非獨立董事持股合計 65,988,977 非獨立董事持股設質合計 21,020,000

獨立董事持股合計 0 獨立董事持股設質合計 0

非獨立監察人持股合計	65,988,977	非獨立監察人持股設質合計	21,020,000
獨立監察人持股合計	0	獨立監察人持股設質合計	0
非獨立董監持股合計	65,988,977	非獨立董監持股設質合計	21,020,000
獨立董監持股合計	0	獨立董監持股設質合計	0
全體董監持股合計	65,988,977	全體董監持股設質合計	21,020,000

資料來源：公開資訊觀測站

【中國鋼鐵公司董監事經理人持股明細表】

資料年月:9201

職稱(包括董事、監察人、董事代表人、監察人代表人、經理人及大股東)	姓名	選任時持股	目前持股	設質股數	佔持股比例	配偶、未成年子女及利用他人名義持有部份		
						股數合計	設質股數	設質比例
董事長本人	經濟部	3,539,966,170	3,719,088,458	0	0.00%	0	0	0.00%
董事長之法人代表人	林文淵	0	0	0	0.00%	0	0	0.00%

董事本人	經濟部	3,539,966,170	0	0	0.00%	0	0	0.00%
董事之法人代表人	陳振榮	0	0	0	0.00%	0	0	0.00%
董事本人	經濟部	3,539,966,170	0	0	0.00%	0	0	0.00%
董事之法人代表人	呂桔誠	0	0	0	0.00%	0	0	0.00%
董事本人	經濟部	3,539,966,170	0	0	0.00%	0	0	0.00%
董事之法人代表人	盧淵源	0	0	0	0.00%	0	0	0.00%
董事本人	經濟部	3,539,966,170	0	0	0.00%	0	0	0.00%
董事之法人代表人	陳源成	0	0	0	0.00%	0	0	0.00%

董事本人	中華開發工業銀行股份有限公司	17,562,117	12,431,038	0	0.00%	0	0	0.00%
董事之法人代表人	楊子江	0	0	0	0.00%	13,456	0	0.00%
董事本人	財團法人國泰綜合醫院	1,713,600	1,800,308	0	0.00%	0	0	0.00%
董事之法人代表人	李宗嶽	0	0	0	0.00%	0	0	0.00%
董事本人	慶華投資有限公司	800,000	411,590	0	0.00%	0	0	0.00%
董事之法人代表人	陳和宗	0	0	0	0.00%	0	0	0.00%
董事本人	經濟	3,539,966,170	0	0	0.00%	0	0	0.00%

	部							
董事之法人代表人	翁政義	0	0	0	0.00%	0	0	0.00%
董事本人	中國鋼鐵公司產業工會	1,183,214	1,959,616	0	0.00%	0	0	0.00%
董事之法人代表人	陳天民	0	105,636	0	0.00%	0	0	0.00%
董事本人	勞工保險局	383,285,180	402,679,409	0	0.00%	0	0	0.00%
董事之法人代表人	陳菊	0	0	0	0.00%	0	0	0.00%
監察人本人	經濟部	3,539,966,170	0	0	0.00%	0	0	0.00%
監察人之法人代表人	吳水源	0	0	0	0.00%	336	0	0.00%
監察人本人	經濟部	3,539,966,170	0	0	0.00%	0	0	0.00%

監察人之法人代表人	黃振成	0	0	0	0.00%	0	0	0.00%
監察人本人	景裕投資股份有限公司	1,479,000	1,553,837	0	0.00%	0	0	0.00%
監察人之法人代表人	張麗堂	0	0	0	0.00%	13,667	0	0.00%
總經理本人	陳振榮	0	662,827	0	0.00%	0	0	0.00%
副總經理本人	陳兆清	0	233,257	0	0.00%	32,277	0	0.00%
經理本人	鍾樂民	0	69,421	0	0.00%	0	0	0.00%
經理本人	鄭國華	0	393,095	0	0.00%	622	0	0.00%
經理本人	陳源成	0	636,572	0	0.00%	2,716	0	0.00%
經理本人	歐朝華	0	461,387	0	0.00%	12,975	0	0.00%

經理本人	黃清伸	0	346,000	0	0.00%	1,125	0	0.00%
經理本人	陳澤浩	0	171,294	0	0.00%	19	0	0.00%
大股東本人	經濟部	0	0	0	0.00%	0	0	0.00%

非獨立董事持股合計	4,138,370,419	非獨立董事持股設質合計	0
獨立董事持股合計	0	獨立董事持股設質合計	0
非獨立監察人持股合計	3,720,642,295	非獨立監察人持股設質合計	0
獨立監察人持股合計	0	獨立監察人持股設質合計	0

資料來源；公開資訊觀測站

因此公司法第二十七條的荒謬性可見一般，明明是一個法人股東，竟可分身爲無數個董監事，就只因爲它可指派代表人當選。專就法律層面來看，這個條文恐有違憲（平等權）之虞，因爲自然人大股東就沒有這樣的機會，即使自然人找了很多的人頭當上董監事，如果這些人頭當選後獨立行使職權爲全體股東履行職責，該自然人大股東也莫可奈何，因爲必須要靠股東會才能解任之。反倒是此處的法人董事可隨時替換代表人（這是經濟部商業司的彈性解釋始然，就法律上未必，但已成習慣）。但我們關心的是代理成本，這樣的組成是否是個有效率與專業的董事會，這些代表人會花多少時間與心血投注於董事會議程，而背後的法人與政府董事又與該代表人是何等關係？會不會雙方互踢皮球，抵消了董事應有的責任？而經營者利用法人股東的優勢，是否會侵害了外部股東的權益以及參與公司治理的可能性？

公司法第二十七條爲什麼不刪除，其實是主管機關有很大的顧慮，由於台灣還有爲數甚多的國營事業（高於五〇％持股）以及政府投資的事業（低於五〇％持股），以及企業實務上成爲習慣，但這也可以解釋台灣董事會在功能上既有的缺陷。

獨立董事的引進

最近幾年來公司治理的觀念變成國際商業的熱門話題，從美國引伸至歐洲，再到受金融風暴襲擊的東南亞與韓日等國，再到中國大陸（中國證監會已於二〇〇二年一月公布「上市公司治理準則」)，再到台灣。而獨立董事又是其中最爲關心的焦點。

證交所與櫃買中心對新上市櫃公司要求設置獨立董監事

早在二〇〇〇年六月台灣證券交易所董事會審議十四家上櫃公司轉上市案，要求各該公司承諾上市後應增加獨立董監事一至二人（嗣後申請上市者依公司之狀況有不同的數額承諾，但已上市公司則不強制），這是台灣法制上強制性獨立董監事之始，是台灣大學法律系余雪明教授擔任上市審議委員與交易所董事時所極力鼓吹的結果。後來主管機關也體認到獨立董監事之重要性，於「證券投資人與期貨交易人保護法」草案中加以規範，但因種種因素考量，行政院版本並未納入[6]。而證期會在二〇〇二年初，指示台灣證券交易所與財團法人中華民國證券櫃檯買賣中心（櫃買中心）儘速施行強制性獨立董監事制度。故證交所於二〇〇二年二月，修正了其有價證券上市審查準則第九條與上市審查準則補充規定第十七條（櫃買中心的規定亦類似），規定嗣後申請上市的公司（已上市公司不適用）必須至少設置獨立董事二席、獨立監察人一席，且獨立董監事至少各一人須爲會計或財務專業人士，否則不准上市，其主要條件有下：

1. 擔任申請公司獨立董事或獨立監察人者有下列各目違反獨立性之情形之一：

（一）　申請公司之受僱人或關係企業的董事、監察人或受僱人。

（二） 直接或間接持有申請公司已發行股份總額一％以上或持股前十名之自然人股東。

（三） 前二目所列人員之配偶及二等親以內直系親屬。

（四） 直接或間接持有申請公司已發行股份總額五％以上法人股東之董事、監察人、受僱人或持股前五名法人股東之董事、監察人、經理人或持股五％以上股東（本款對於政府或法人為股東，以政府或法人身份當選為董事監察人，而指派代表行使職務之自然人；暨由其代表人當選為董事、監察人之代表人，亦適用之）。

（五） 申請公司有財務業務往來之特定公司或機構之董事、監察人、經理人或持股五％以上股東。

（六） 申請公司或關係企業提供財務、商務、法律等服務、諮詢之專業人士、獨資、合夥、公司或機構團體之企業主、合夥人、董事（理事）、監察人（監事）、經理人及其配偶。

（七） 任其他公司之董事或監察人超過五家以上者。

2. 兼任申請公司獨立董事或獨立監察人者，未具五年以上之商務、財務、法律或公司業務所需之工作經驗。

3. 擔任申請公司獨立董事或獨立監察人者，未於該公司輔導期間進修法律、財務或會計專業知識每年達三小時以上且取得相關證明文件。

大致而言，證交所的獨立董事的條件與前述美國的條件相比，可能要求更爲嚴謹。唯一美中不足的是第三款有關進修的規定，由於僅適用申請上市的公司，如果是已上市公司設置獨立董事，此進修要求就不適用，則獨立董事不應更充實專業乎？另外進修機構也不應刻意限制或刻意開放給某些特定機構。

台積電推動公司治理

宜特別注意的是，已上市公司還不受此獨立董監事的要求（這是因爲市場上有許多反彈，特別是無法律授權而可能違反行政程序法，且主管機關往往利用交易所的規定權宜性地達成法律的目的）。不過這不會阻止對公司治理有心的企業自行尋求獨立董事，特別是外國投資人與財經媒體（特別是美國與英國）開始關注台灣的公司治理情形。最受矚目的就是台積電在二〇〇二年股東會上選任了三位國際知名人士擔任董監事，分別是獨立董事 Sir Peter Leahy Bonfield（擁有 OBE 勛爵爵位，前英國電訊公司 CEO）、獨立董事 Lester C. Thurow（梭羅）（著名的麻省理工學院經濟學教授）與 Michael E. Porter（波特）（哈佛商學院教授，是董事欣瑞投資有限公司的法人代表人）。台積電的董監事經理人名單及持股分布見下表。

【台灣積體電路公司董監事經理人持股明細表】

資料年月:9201

職稱(包括董事、監、察人董事、代表人監察人代表人、經理人及大股東)	姓名	選任時持股	目前持股	設質股數	佔持股比例	配偶、未成年子女及利用他人名義持有部份		
						股數合計	設質股數	設質比例
董事長本人	張忠謀	45,109,604	91,669,112	0	0.00%	90,675	0	0.00%
董事本人	荷蘭商飛利浦電子股份有限	1,295,885,897	2,554,450,279	0	0.00%	0	0	0.00%

	公司							
董事之法人代表人	范德普	0	0	0	0.00%	0	0	0.00%
董事本人	荷蘭商飛利浦電子股份有限公司	0	0	0	0.00%	0	0	0.00%
董事之法人代表人	羅貝茲	0	0	0	0.00%	0	0	0.00%
董事本人	荷蘭商飛利浦電子股份有限公司	0	0	0	0.00%	0	0	0.00%
董事之法人代表人	范歐世	0	0	0	0.00%	0	0	0.00%
董事本人	行政院開發基金管理委員會	1,158,545,600	1,793,522,406	1,182,720,000	65.94%	115,500	0	0.00%
董事之法人代表人	史欽泰	0	0	0	0.00%	0	0	0.00%

董事本人	曾繁城	12,032,090	30,356,889	0	0.00%	98,219	0	0.00%
董事本人	積成投資有限公司	984,000	12,738,029	0	0.00%	0	0	0.00%
董事之法人代表人	施振榮	0	2,435,077	0	0.00%	11,915	0	0.00%
監察人本人	荷蘭商飛利浦電子股份有限公司	0	0	0	0.00%	0	0	0.00%
監察人之法人代表人	博葛爾	0	0	0	0.00%	0	0	0.00%
監察人本人	行政院開發基金管理委員會	0	0	0	0.00%	0	0	0.00%
監察人之法人代表人	許欽洲	0	0	0	0.00%	0	0	0.00%
監察人本人	欣瑞投資有限	641,500	12,761,869	0	0.00%	0	0	0.00%

	公司							
監察人之法人代表人	Michael E .Porter	0	0	0	0.00%	0	0	0.00%
總經理本人	蔡力行	0	19,621,738	1,000,000	5.09%	0	0	0.00%
副總經理本人	林坤禧	0	19,995,152	2,159,000	10.79%	2,006,603	0	0.00%
副總經理本人	蔣尚義	0	8,674,015	1,190,000	13.71%	0	0	0.00%
副總經理本人	張孝威	0	6,394,499	0	0.00%	0	0	0.00%
副總經理本人	魏哲家	0	3,574,322	850,000	23.78%	968	0	0.00%
副總經理本人	李瑞華	0	4,294,842	0	0.00%	0	0	0.00%
副總經理本人	劉德音	0	7,974,370	0	0.00%	0	0	0.00%
副總經理本人	胡正大	0	839,508	0	0.00%	0	0	0.00%
副總經理本人	陳健邦	0	5,511,520	0	0.00%	41,608	0	0.00%

副總經理 本人	徐中時	0	760,782	0	0.00%	0	0	0.00%
副總經理 本人	金聯舫	0	1,458,172	0	0.00%	0	0	0.00%
副總經理 本人	曾孟超	0	3,504,556	0	0.00%	502,750	0	0.00%
副總經理 本人	楊平	0	5,069,556	0	0.00%	0	0	0.00%
副總經理 本人	胡正明	0	958,635	0	0.00%	0	0	0.00%
副總經理 本人	杜東佑	0	250,000	0	0.00%	0	0	0.00%
副總經理 本人	吳子倩	0	309,646	0	0.00%	0	0	0.00%
大股東 本人	台灣飛利浦建元電子股份有限公司	0	1,299,925,653	0	0.00%	0	0	0.00%

獨立董事本人	PETER LEAHY BONFIELD	0	0	0	0.00%	0	0	0.00%
獨立董事本人	LESTER CARL THUROW	0	0	0	0.00%	0	0	0.00%

非獨立董事持股合計	4,482,736,715	非獨立董事持股設質合計	1,182,720,000
獨立董事持股合計	0	獨立董事持股設質合計	0
非獨立監察人持股合計	4,360,734,554	非獨立監察人持股設質合計	1,182,720,000
獨立監察人持股合計	0	獨立監察人持股設質合計	0
非獨立董監持股合計	4,495,498,584	非獨立董監持股設質合計	1,182,720,000
獨立董監持股合計	0	獨立董監持股設質合計	0
全體董監持股合計	4,495,498,584	全體董監持股設質合計	1,182,720,000

資料來源：公開資訊觀測站

財政部證期會於二〇〇三年四月，也以行政命令方式發布了公開發行公司獨立董監事的範圍，至此，至少就其定義有了法令上的明確地位，即使對其他早已在交易所與櫃買中心制度訂定前的已上市上櫃公司（如台積電）及其他未上市上櫃的公開發行公司，有了基本的依循。

（財政部證期會二〇〇三年四月八日台財證一字第〇九二〇〇〇一四六八號令）

所謂獨立董監事指符合下列所有要件者：

1. 非爲公司法第二十七條所定之法人或其代表人。（按：本項說明不清，應指法人皆不能擔任獨立董監事；而法人如果擔任某公司董事，即法人董事時，其董事代表人一自然人不能擔任該公司獨立董事，但該自然人仍能以個人身份擔任另一家公司的獨立董監事，只要此兩家公司並無下述的關連性。）
2. 具有五年以上商務、法務、財務或公司業務所需之工作經驗。
3. 兼任其他公司獨立董監事未超過五家者。
4. 最近一年無下列情事之一者：
   (1) 爲公司之受僱人，或其關係企業之董監事或受僱人。
   (2) 直接或間接持有公司已發行股份總數百分之一以上的自然人股東，或持股前十名之自然人股東。
   (3) (1)、(2)點所列人員之配偶或其二親等以內之直系親屬。
   (4) 直接持有公司已發行股份總數百分之五以上法人股東之董監事或受僱人，或持股前五名法人股東之董監事或受僱人。

(5) 與公司有財務或業務往來之特定公司或機構之董監事、經理人或持股百分之五以上股東。所稱特定機構，依證期會二〇〇二年六月十二日台財證一字第〇九一〇〇〇三四二號令認定之[7]。

(6) 爲公司或關係企業提供財務、商務、法律等服務之專業人士、獨資、合夥、公司或機構團體之企業主、合夥人、董監事、經理人及其配偶。

主管機關的董監事資格認定大致與交易所的規定相同，也同樣缺乏在職進修之要求。

台積電與公司治理（個案分析）

一般認爲台積電是台灣公司治理的模範生與倡導者，其公司透明度確實較其他上市公司來得大，在國際間評價也較高。本書則嘗試利用公司治理的指標與原理來評價台積電實務上的效能。

形式要件：工作經驗

首先要看這三位名人是否符合交易所的獨立董監事定義。由於邁可波特係以法人董事代表人身份擔任，並不符合獨立性要件，先予排除。

比較具爭議要件的可能有兩項，一是是否他們具有五年以上的商務、財務、法律或公司業務所需之工作經驗。梭羅是知名學者，我們不太清楚是否他有擔任其他企業的董事職銜。這裡的工作經驗似乎不是指學識，而是真正的實務參與。我們很清楚實務經驗確實對參與能力有相當的重要性。可是如果絕對強調實務，會對學術界人士參與公司的監督產生一定阻力。理論往往必須透過實務的驗證，而且可能更要求公司強調規範的遵循（特別是法律與會計學者），以及提升企業的新知技能。最近資料顯示，台灣一些企業選任獨立董監事時，往往還是企業界的知名人物（不同產業）（如廣達董事長林百里與台積電財務長張孝威擔任富邦金融控股公司的獨立董事），則可能美式的缺失仍可在台灣發生，且人選彈性與範圍更形減少，而台灣並不大。

持續進修

目前交易所規定公司在（承銷商）輔導上市期間（還未上市的準備階段），獨立董監事應進修法律、財務或會計專業知識每年達三小時以上且取得相關證明文件。但一旦公司上市後，包括上市後所改選的獨立董監事，就不必有此進修要求。

前一章已談到美國紐約證券交易所已決議修改規章，要求上市公司董事繼續進修，並籌設董事研究中心，代表美國法令的日趨嚴謹，董事的責任也更爲重大，即使年高德劭的尊貴董事，還是要加強專業技能。這對國際知名人士，也應同樣適用。主管機關似應考量此一繼續性要求，當然台灣所謂進修機構的品質，也應隨之加強。

證交所與櫃買中心會銜發布的「上市上櫃公司治理實務守則」第四十三條與第五十二條也規定董監事之進修情形應予充分揭露，並與任期中之工作績效，同時作爲股東選任下屆董事監察人的參考。雖然此準則無強制性，但至少說明了主管機關對此課題已有認知。

時間投入

台積電這三位外國籍董監事在時間上能投入多少在公司的業務上是值得懷疑的。根據美國的全國公司董事協會

（National Association of Corporate Directors）的建議，董事至少每年應投入二百小時於公司事務上，更何況跨國性的了解本屬困難，再加以旅行時間。雖然董事會的會議已經開放視訊會議的形式（公司法第二〇五條第二項），可是董事會的會議，除了議事之外，人與人的親身見面溝通等感情上因素可能不是視訊會議所能取代。

據悉，由於波特或梭羅不克來台，台積電甚至派員親赴美國波士頓移樽就教，花了數天時間與其討論公司經營，這對獨立董事的經營與監督能力可說是大大誤解。

董事會的角色扮演

台積電董事長張忠謀曾表示，外部董事應扮演公司「諍友」的角色，保持積極介入公司決策但不干涉的態度[8]。據了解，台積電以往一年大概只有四次董事會是全體董事大致出席，其餘都是內部董事自行決議（可能握有其他不出席外部董事的委託書），這是可以理解的，因爲董事只有七席，以二〇〇二年董事增選前爲例，除張忠謀之外，飛利浦電子佔三席（同時占監察人一席，又是公司法第二十七條適用的結果）、行政院開發基金一席（代表人史欽泰是工研院院長）（同時派另一自然人佔監察人一席）、曾繁成（內部董事、副董事長）、積成投資（代表人施振榮），從組成就可知道董事會功能被虛化，採傳統東方式的董事長制。所以即使加入世界級人士，他們在董事會能扮演的積極角色尚待觀察，至少不應是門面或是大戰略的諮詢（應切入戰術面與技術面，更重要的是監督日常經營者，否則聘為顧問即可），更何況政府的持股還是有相當比例。

由於國際公司治理的趨勢是董事會的獨立董事比重逐漸加高，董事會權責更大，監督與經營同等重要。這反應了公司資本大眾化以後各種公司利害相關者重視公司的監督權力。很顯然，台灣企業家並沒有注意此一現象。

台灣證券交易所與證券櫃檯買賣中心於二〇〇二年會銜發布的「上市上櫃公司治理實務守則」確實對於獨立董事與獨立監察人的職權有設計（大致參循美制），但是目前該守則不具強制性，業者尚在觀望，但獨立董事本身有先天的盲點（見前一章），即使強制適用，又有台灣本土企業結構的問題要解決，並非萬靈丹，可能要花相當時間落實董事會的實權，再發展美國獨立董事所主導的審計、提名與報酬委員會，而企業家或家族企業是否願意釋出權力，又是另一個難題。

家族企業、轉投資企業與董事會結構

台灣不少上市公司被歸類為家族企業，而為國際投資人所詬病。其實，家族企業並非壞事，因為多少世界知名的企業，都是從家族企業開始。第一代的企業主往往努力經營而開創了公司的基礎，但第二代以後，公司成為上市公司後，卻仍然以為公司是自家人的，忽略了對股東的責任，即使家族的持股已經降倒五〇%以下[9]。當然，由於法律的保護，使得家族的股份轉讓較不容易（但不妨害其炒作股票），使得台灣有許多少數控制的公司，經營者成了真正的恆久經營。本章已談到，這造成真正有實力的經營者缺乏市場，缺乏實力的家族第二代甚至第三代繼續控制公司而侵蝕了公司的績效，也造成豪門與寒族的流動性很差，會產生相當的社會問題，故在台灣家族企業未必產生經營危機，產生經營危機的多是家族企業。而展現在董事會上，就是董事會僅聊備一格，全是家族成員，至於CEO，因受限於這些家族所有者，成爲家臣，事事考量主子的心態，而忽略了對投資人的責任，以致決策的品質有很大的問題，而家族所有者會認爲我就是公司，公司的就是我的。一九九二年以來新設銀行總經理變動之頻繁與多數銀行極差的放款品質，可爲佐證。

另外有許多上市公司是企業（包括家族企業）所合資（共同轉投資）成立，其董事會組成大概是依權力結構（股權）分配，故全是內部董事。理論上來看這種企業的董事會應該比較有效率，因爲董事就是大股東，其利害關係遠比一般公眾投資人來的大，故會專注公司的監督。可是這些大股東是否與大眾小股東的利益一致，尚有探究之餘地。比如說台灣常出現的關係人交易（包括不動產買賣、保證背書、融資等常見的方式），則未必是好事，董事會未必會加以嚴格監督。而像安隆案，安隆設了許多資產負債表下的合夥來隱藏財務事實，台灣則是有公司經營者利用人頭或利用人頭設立空殼的閉鎖型公司（如有限公司與非公開發行的股份有限公司，外界無從得知該空殼公司資訊，因爲依法不須對外公開），或炒作自家股票或掏空公司資產，這種隱藏下的關係企業，董事會很難查得出來。

由此看來，獨立董事確實有其必要性也有其先天的限制，但美國所產生的弊病，則是要加以避免的，可是就獨立董事的選任上，會產生人情上的問題，這是社會生活所必然伴隨的，所以獨立董事還是要有其他公司治理的機制互爲依賴，加上法律責任與執法的效率爲後盾，而非單純與獨立的引入而已。

所有權與經營權分離是必然的趨勢嗎？

在本書第一章開宗明義提到所有權與經營權之分離是現代股份有限公司產生公司治理的源頭，也就是一九三〇年代伯理與明斯的觀察結果成了現代公司治理研究的礎石。可是最近學者如拉波塔等四人的另一研究發現[10]，伯理與明斯的實證結果似乎只侷限在美國，美國以外的國家未必大企業就像美國一樣所有權與經營權的高度分離。第二個問題就是許多同樣是工商業先進國家，所有權與經營權未必相當分離，他們仍然展現相當的經濟實力，所以有些效率假設可能不正確。當然這些已開發國家未必對投資人有如美國較緊密的法律保障也是事實。雖然拉波塔的研究中未納入台灣，本書則認爲所有權與經營權的分離至少在台灣有下列事實：

1. 法令上台灣要求董監事有持股成數，新上市上櫃公司有更高的強制集保門檻要求，所以法律導致所有與經營分離情形較慢，但分離是趨勢。
2. 家族企業與企業轉投資企業興盛，前者要透過一兩代的家族財務變化（若法令放寬能加速）才能分散股權，後者要看投資企業是否要完全處分投資利益而定，這又有許多因素的考量。
3. 許多公司成立時間短（電子新貴公司甚至少於十年），尚未達到成熟的所有經營分離期－資本形成還未至相當規模。相較於日本、英國與美國的上市公司，台灣上市公司的平均資本額確實較小（證交所的上市門檻是六億元實收資本、櫃買中心的上櫃門檻是五千萬元）。
4. 家族持股與投資企業的利益未必與大眾股東的利益一致，前兩者是有控制權股東（controlling shareholders），內線交易、市場操縱與自肥行為的可能性大，特別是其資訊較不透明，則結果會是投資人的保障低，拉波塔等人也認為投資人保護貧弱的國家地區確實家族企業較常見。

這裡的第一、二、三點就是本章的重心，第四點在第九章討論公司資訊揭露會再說明，所以從台灣的現況，本書則建議美國市場所發展出的投資人保護手段有更高的參考價值，這也是爲什麼歐洲國家及日本、韓國在近年來大肆改革其公司治理的制度，與其證券市場的發展與投資人的大幅增加脫離不了干係。

---

[1] *See* OECD, CORPORATE GOVERNANCE IN ASIA: A COMPARATIVE PERSPECTIVE (2001).

[2] 有關本節所述累積投票制的計算公式與理論分析，可參見拙文，「論公司法的累積投票制（上）（下）」，軍法專刊第 39 卷第 12 期，頁 15-19，1993.12；第 40 卷第 1 期，頁 20-24，1994.1。

[3] 作者以前譯為「直接投票制」，但與實際意義較有出入，故更改譯名。

[4] 見賴英照，證券交易法逐條釋義第二冊，頁 185（1996 年 7 刷）。

[5] 見余雪明，證券交易法，頁 51（1999 年 11 月初版）。

[6] 見余雪明，前註五，頁 34, 416-17。

[7] 依該號令，所謂特定機構或公司是指公司於編製年報或公開說明書之年度及其上一年度內，與公司具有下列情形之一者：

1. 持有該公司已發行股份總數百分之二十以上，未超過百分之五十者。
2. 他公司及其董監事及持有股份超過股份總額百分之十股東總計持有該公司已發行股份總額百分之三十以上，且雙方曾有財務或業務上之往來記錄者。前述人員持有之股票，包括其配偶、未成年子女及利用他人名義持有者在內。
3. 該公司之營業收入來自他公司及其聯屬公司（作者註：此缺法律定義）達百分之三十以上者。

4. 該公司之主要產品原料（指占產品總進貨金額百分之三十以上者，且為製造產品所不可缺乏之關鍵性原料）或主要產品（指占總營業收入百分之三十以上者），其數量或總進貨金額來自他公司及其聯屬公司達百分之五十者。

[8] 尤子彥報導，「張忠謀：公司治理應趕上全球化趨勢」，中國時報，2002 年 7 月 20 日，第 22 版。

[9] 作者在研究所授課時，有在某銀行工作的學生表示，他的老闆家裡用的衛生紙都是公司來支出，僅供參考。

[10] Rafael La Porta *et al.*, *Corporate Ownership around the World*, 54 J. FIN. 471 (1999).

第五章　監察人

「台灣的監查人等於是不做事，而且是獨立行事，好的制度監查人應該是集體，大家可以討論嘛！」
張忠謀，商業週刊第765期

二元管理制 (Dual Management)

在美國是沒有監察人的，公司監察工作是由董事會負責，而財務方面更有獨立董事組成的審計委員會來查核。而台灣，是採取某些大陸法系國家所採取的二元管理制，即將公司的經營決策權交由董事會來決定，而監督董事會的任務由監察人來負責，監察人故可組成監事會，但公司法所規定監察人的職權都是可以獨立完成的。全世界的大經濟體，除美、英、加屬英美法系外，如德、日、法（可選擇一元或二元）等國以及中國大陸的公司法制都有監察人的機制，因此監察人是否具有公司治理上的意義，不能光從美國的角度上來看，我們可以看看歐陸國家以及日本在監察人制度上的發展，或許可以給我們相當的啓示。

台灣監察人制度與其缺失

台灣監察人制度的問題與董事會的問題其實根於同源，顯現在台灣企業文化的特色以及制度面上的原始。首先，公司法原來的設計是針對閉鎖型公司，因此將董監事權限分離的互相監督意義不大，因爲都是公司主要的大股東集團所主宰共治一內部自行劃分權力，是一種力量的平衡，要不就是家族企業成員的頭銜分配（如先生當董事、太太當監察人）。因此即使公司法給予監察人有監督的力量，在實際用處上並無特別意義。而閉鎖型公司的代理成本問題本就與上市公司不同，因此不論適用美國的董事會制或大陸法系的二元管理制，其實皆無不可。但對上市公司來看，如果公司能利用內部的監察人機制事先過濾出公司不當之情事，總比完全仰賴市場或相對力量薄弱的股東會來得有效。但台灣制度上有基本的設計瑕疵。

公司法上監察人設計的瑕疵

依公司法第二一六條，公司監察人至少一人（公開發行公司則至少二人），如果我們看目前台灣上市公司董監事的席次數目，通常監察人是董事席次的三分之一，以九席董事三席監察人最爲普遍，監察人人數必然少於董事。而監察人的選舉方法與董事同，即利用累積投票制或公司法修正後可採用直線投票制，但不論用何種方法，因其席次較少，必然是經營者掌控全部席次，或是大股東自行分配，如此一來經營集團自己控制董監事，在規範面上監察人又何能監督董事。由於是自己人，股東相對期待監察人能挺身而出是令人懷疑的；又或者因爲台灣法人股東可同時派代表人身兼董監事，又何能期待自己人對抗自己人。譬如說董事長將公司資產低價賣出使公司招受損害，依法監察人應代表公司向董事長提起民事賠償訴訟，但在這種「關係」他可能不理會，使得小股東必須請求監察人起訴，監察人依然不理，那麼小股東自行代表公司起訴，我們稱之爲代表訴訟或衍生訴訟，在第八章中，我們會看到這種訴訟成功的高難度。

利益衝突造成財務監督的無效果

在證券交易法中，上市公司監察人有一項最重要對投資人負責的任務就是承認董事會所提出的年度與半年度財務報告（證券交易法第三十六條第一項）。所謂承認就是確認之意，故他必須有查證之責，是不是意味著他要有會計的專業能力？由於上市公司的財報尚有會計師簽證查核之要求，因此我們可以推論監察人跟簽證會計師的關係應該很密切。事實上，這正是美國審計委員會的功能，由具財務或會計專業能力的獨立董事與外部會計師合作，審查公司的財務，因爲會計師可能在 CEO 主導的董事會上「不便」提出許多質疑，而透過與獨立董事合作的機會，可能會較坦承告知並討論一些公司內部的財務或其他弊病，當然目前美國許多爆發弊端的公司是連獨立董事都不認真投入或投入有困難，以致會計師的顧忌更大，或與 CEO 產生利益共同體而忽略了對投資人的整體道德性危機。而前已談到，當公司的監察人是這樣的方法所選出，又何能要求監察人與簽證會計師相互坦誠。

事實上，監察人依公司法第二一八與二一九條尚可選任會計師調查公司財務與審查財務報表，這裡的會計師並不限於公司的簽證會計師，可是如果公司不是發生重大事故或內部經營權之鬥爭，監察人恐怕利用的誘因有限。

但撇開監察人的財報承認權外，到底監察人還有什麼功能？公司法說監察人負責監督業務之執行，也可以調查財務業務狀況，也可以要求董事會或經理人提出報告，換句話說似乎他什麼都可以監督，可以到處走走看看（因爲是獨立行使職權），如果發現制度或管理上的缺失（還未到違反法令章程或股東會決議的地步），他向董事會或 CEO 反應，但沒有人理會怎麼辦？恐怕他也沒法抗爭，這是台灣監察人在制度面上的另一個困境。

德國式監察人制度

監察人制度一如監察院，在法學界的評價甚低，因此改革的立論甚多[1]，現在有幾種改革提議的模式。

第一種就是廢掉監察人，而將其職權由董事會行使，朝向完整的美國制度。當然台灣的董事會環境之不成熟是最大的障礙，所謂的董事長制誤解了董事之功能，股權結構又限制了獨立董事之發展，必須這些情況有顯著的改善，真正建立公司大眾化的精神，上市公司的董事會方能有明顯的效益而減少無謂的代理成本。

另一種趨勢是改革監察人的結構。這裡許多法學者喜歡舉德國的例子，德國的公司制度相當特殊，且德國的經濟發展又令人矚目可能都是原因。德國的公司主要有兩種，德文縮寫為 GmbH 與 AG，各有不同的公司法律規範。AG 的資本額要求較大（五萬歐元），是目前德國上市公司主要採用的公司種類。另外德國於一九七六年所制訂的勞工共治法（Mitbestimmungsgesetz, Co-Determination Act）也是極重要的公司立法。我們所討論的是德國 AG 的公司治理。

德國監察人的選任方法

在德國 AG 董事會成員是由監事會所選出與監督，董事長及董事負責執行職務，故德國的董事長有如美國的CEO，董事也通常是部門經理，德國的董事會就像美國或台灣的業務會議。至於監察人的組成，依據共同決定法，則頗爲複雜。首先，是依據受僱人的多少來決定監察人的席次：一萬名以下者十二人（勞資各半數）、一萬名至二萬名者十六人，二萬名以上者二十人，以上席次皆勞資各半。資方監察人原則上由股東選任。至於勞方監察人選任亦很複雜，有工會代表以及勞方所自行選出者，而這所謂自行選出者，又分爲雇員（白領）與工人（藍領）所分別選出者，而且又有直接選舉與間接選出代表人再由選出監察人的選擇方式。慣例上監事長是股東代表，副監事長是勞工代表。故美國學者就已經質疑相較於美國的董事會，人多效率低，無怪乎德國法只要求每年至少開兩次會（有的公司開到四次，但都比美國平均少）[2]。至於股東監察人部分，以銀行爲主，以及現在有所謂股東權益保護團體的出現。

銀行與上市公司的多重糾葛

德國銀行與上市公司的互動是最令美英等「純種」資本主義國家嘖嘖稱奇的。德國的大型銀行家數並不多，但全部資力雄厚，都是所謂綜合銀行（universal bank），指承作廣義的金融業務，特別是包括證券與保險（不過目前趨勢是將特定金融業務分割給關係企業來做，因爲有的國家證券保險要分業，如美、日等國以及台灣，也有效率與財務管理上的考量）。銀行是上市公司的最大債權人，也是德國經濟的推手（特別是德國在一九八〇年代以前資本市場相對不發達，仰賴銀行融資是其主要資金來源），但銀行也是上市公司最大的股東，除了持有公司相當的股份外，它們利用委託書的方式取得投資人的表決權，而爲什麼股東都會讓銀行行使委託書，以及銀行爲什麼那麼有興趣取得委託書當選監察人參與經營，是有許多經濟與法律的刻意規範所造成[3]。

但必須注意的是，由於銀行身兼公司的所有人與債權人，是否會有利益衝突的地方？德國在一九九四年修法之前，內線交易並不違法，只是市場上的自律機構的契約上而已，自可想見內線交易的普遍，就銀行的立場言，我在監事會上得知不利消息，在市場上賣掉股份，但這些銀行就是市場的主力投資人，爲何對市場不公？

德國制度向國際化改革

但在一九九〇年代以後，受到國際金融市場競爭的壓力，外國（機構）投資人開始參與德國股市（他們可是拿不到內線消息的），以及歐體理事會所公布的內線交易指令等，使得德國證券市場與法制必須國際化與自由化。如一九九八年有企業監督與透明化法之通過，二〇〇二年初由一政府委員會擬訂公司治理準則（Code of Corporate Governance），透過國會所通過的「加強公司法會計法與透明與公開化改革法」，建議所有上市公司採用，上市公司必須在其年報中聲明其有無遵守，以及解釋爲何不遵守之理由，並準備再次修訂公司資訊揭露法律都可看出此國際化（美國化）與歐洲制度統一化的衝擊[4]。

而股東保護團體近來也逐漸表現出公司治理的另一個聲音。這些團體可以接受股東的委託書去投票，但統計在一家上市公司中其握有的股數約在一％以下，故從這個面向來看實質影響力有限；保護團體目前在德國最大的功能是在廣泛性的公司治理制度面上的參與，包括教導股東如何投票、公開的發布對某公司某項議題、某董監事人選或責任的批評與意見、以訴訟挑戰公司的行爲、要求公司成員或簽證會計師調查特殊事件、遊說立法機關等等。保護團體自己不持有股份，也不代表大股東或機構投資人，可說是公正的社會團體，因此得到公司的尊重，也有例子保護團體的代表會去當監察人，但那是公司的「禮遇」，但就一家公司而言，是否有影響性，有論者持懷疑態度[5]。

台灣監察人的未來

獨立之自然人監察人

除了廢掉監察人制度以外，監察人有無再生的機會？在前一章中，我們知道證交所與櫃買中心對新申請上市上櫃的公司，要求加入獨立董監事的規定。監察人最重要的業務是財務監督，是否監察人應朝向美國的審計委員會職權走，是可以思考的方向，但由於獨立監察人僅佔全體監察人的少數，而且監察人本就人數不多，是否能發揮其功能，在制度上仍有疑義，更何況獨立監察人是經營者提名的。如果監察人全部是獨立監察人且都是自然人，不准法人當選監察人或指派代表人，並廢除持股成數限制，或許也是比較容易的第一步。

明確之監察人權限

固然監察人可以獨立行使職權，也可自行請會計師（或與簽證會計師合作）查帳，此種獨立性在公司內部文化中是否得以發揮也是一個問題。在美國審計委員會是合議制，德國監察人亦然。張忠謀已表示獨立作業的缺陷，台灣甚至有常務監察人的實務（那麼非常務的監察人平常做什麼？）。監事會公司法並無規定，而由公司自由決定其設置，即使有監事會，也應是與董事會開聯席會議才有實益，目前公司法第二一八條之二僅規定監察人得列席董事會陳述意見，所以並非強制性的，證交所與櫃買中心會銜發布的「上市上櫃公司治理實務守則」第四十六條也僅規定是經常列席董事會，以監督其運作情形且適時陳述意見；而大陸公司法第五十四條第二項就規定監事應列席董事會，且總經理與各單位主管更有義務列席接受質詢，自不在話下。故公司實應就監察人的權限以及與經理人與董事會的互動程序，以規章（如公司治理最佳實務準則）訂定清楚並對外公布，市場即可以此作爲一種公司治理的指標[6]。但由於監察人無法定權力參與決策，如此切割權力是否適當，也是一個問題，畢竟台灣監察人的職權相較於德國是較小的。如果要強化其工作項目（但這有可能削減董事的權限），最好以法律明定之，甚至還要拉高其人數。但一個公司有九位董事與九位監察人好過於美國制用較少的十二位董事來分工，恐怕還有待商榷，凡此種種都是監察人功能上的矛盾。

另外關於員工擔任監察人，也是可以思考的方針。不過最重要的還是要研究員工是否對此有誘因，對此本書在第七章嘗試提出一些基本的思考課題。

審計委員會與監察人功能之重疊

當主管機關嘗試引進美式董事會下的功能性委員會時，尤其是負稽核職責的審計委員會時，不免對既有的監察人制度產生扞格不入。依上市上櫃公司治理實務守則第二十九條的建議，審計委員會的職責如下：

1. 檢查公司會計制度、財務狀況及財務報告程序。
2. 審核取得或處分資產、從事衍生性商品交易、資金貸與他人及為他人背書或提供保證等重大財務行為之處理程序。
3. 與公司簽證會計師進行交流。
4. 對內部稽核人員及其工作進行考核。
5. 對公司之內部控制進行考核。
6. 評估、檢查、監督公司存在或潛在之各種風險。
7. 檢查公司遵守法律規範之情形。
8. 審核本守則第三十四條所述涉及董事利益衝突應迴避表決權之行使之交易，特別是重大關係人交易、取得或處分資產、從事衍生性商品交易、資金貸與他人、為他人背書或提供保證及成立以投資為目的投資公司等。
9. 評核會計師之資格並提名適任人選。

同時，「審計委員會應有一名以上獨立董事參與，並由獨立董事擔任召集人。開會時宜邀請獨立監察人列席。」

「前項之獨立董事應至少有一名具會計或財務專業背景。」（同條第二、三項）。

按本條之立法精神，係參照國外審計委員會之功能、台灣特有之問題以及主管機關對公司的強化管理而來，不外乎公司之內部監督與重大營運作業，應謹慎從事，避免內部人惡意淘空公司資產或重大疏失，故確實強化董事會的監督權責。但此一強化措施，難免與監察人在公司法上概括性的監察權有所重複，則監察人之未來，仍待學理與事務面對其功能加以重新審視。

---

[1] 如王文宇，「從公司治理論董監事法制之改革」，台灣本土法學雜誌，第 34 期，2002 年 5 月，頁 99 以下；王志誠，「論股份有限公司之監察機關兼論我國監察人制度之立法動向」，證券管理雜誌第 13 卷第 1 期，1995 年 1 月，頁 33 以下。

---

[2] *See* Mark J. Roe, *German Codetermination and German Securities Markets*, 1998 COLUM. L. REV. 167 (1998).美國董事會其實都有十來個董事，可是因爲下設委員會以及獨立董事的實務，所以人數也不會太少，但是次數（含委員會）就很高了（較之台灣董事會次數亦然）。也有實證顯示德國監事會的績效並不會差，*see* David Charny, *The German Corporate Governance System*, 1988 COLUM. L. REV. 145, 150-51 (1998).

[3] 這裡頗爲複雜，有興趣者可參閱 Bernd Singhof & Oliver Seiler, *Shareholder Participation in Corporate Decisionmaking Under German Law: A Comparative Analysis*, 24 BROOKLYN J. INT'L L. 493, 510-15 (1998).

[4] *See* Theodor Baums, *Company Law Reform in Germany*, Conference on Company Law Reform, University of Cambridge (Jul. 4, 2002).

[5] Thomas J. Andre, Jr., *Some Reflections on German Corporate Governance: A Glimpse at German Supervisory Board*, 70 TUL. L. REV. 1819, 1829-33 (1996).

[6] 美國紐約證交所與那斯達克對申請上市公司要求其審計委員會必須有委員會章程（committee charter），也是一種審查上市的指標之一。

第六章　股東會

「股東大會已被主管機關變成馬戲表演場，投資人本來有機會藉股東大會，每年和管理階層公開互動一次・・・今天已經沒有認真的法人股東會來參加股東大會，在主管機關同意下，股東大會變成職業股東、社會運動者和心懷不滿的員工大鳴大放的地方。」
IBM 前 CEO Louis V. Gerstner, Jr.，誰說大象不會跳舞

股東會在法律上是公司的最高權力機關，我們在第二章理論部分有說明，由於股東是剩餘請求權人，在經濟學理上他是有最適合的誘因決定公司重大事務（由於上市公司專業的特性，所有人勢必將其他事務授權董監事與經理人來決定）。至於何謂公司重大事務，各國都利用法律來界定，即股東會的權限，當然所有權人可以修改章程加入更多（但原則上不能減少）股東會的權力，如果股東自己覺得有能力以及這是一種解決該公司代理成本的有效方法的話。

集體行動問題

在現代公開發行公司的股東會機制下的一個難題就是所謂的集體選擇問題（collective choice problem），或稱爲集體行動問題（collective action problem）。這個問題是指當公司的股權分散於大眾，當股東會依法或章程要決定重大事項，如合併、取得他公司全部營業時，你是一個持有十張股票的小股東，你會發現你的投票對表決結果毫無影響力，因此你就不會跑去參加股東會投票（像作者就是）或乾脆經營者說什麼你就投什麼。換言之，你對你的投票權利毫無誘因，因此往往公司說的就一定通過。因此股東會就變成形式而已，所謂公司治理監督經營者的重要機制就變成毫無用處，造成經營者集團的終身獨裁。從理論上來看這是一種很大的危機。

在美國集體行動的嚴重性與其股權結構和股東會的投票方法有相當關連。由於美國經營者持股甚少，甚至低於一%，股份全分散在投資人手中，加以幅員廣闊，股東會開會要股東花機票去開會，除非他是有錢、有閒、有興趣的大股東，否則一般投資人是不會去的，但如此一來股東會會因法定人數不足而流會。以美國上市公司設立最多的德拉瓦州爲例，其公司法第二一六條規定，公司至少要有三分之一的有表決權股份數出席（可用章程提高門檻但不得降低）。故美國很早就開始發展出委託書（proxy）投票的方法。

美國目前的狀況是，公司在會議前會寄發股東會開會通知，你要親自出席投票當然可以，但一定會伴隨公司所發的委託書，意思是你授權公司的董事會幫你投票，你可勾選全權委託，則你的投票模式完全交由公司自由處理，你也可以限定授權，因為在委託書上有董事候選人名單與議案，你可自行勾選喜歡的人選或議案也可投反對票，公司在收到你寄回的委託書後就必須依照你的特定指示來投票，目前證管會也開放不需寄回，而利用網際網路或電話語音回覆系統替代寄回委託書。這種委託書投票制，現在已因美國證券法的規定，對公開發行公司普遍適用，因此美國的實務其實相等於通訊投票制。

美國證管會非常重視集體行動問題所帶來的代理成本，所以盡量在現實環境中改善。第一個思考方針是確實股東缺少誘因，但如果公司提供翔實與正確的資訊，或許股東會注意公司治理以及公司經營的各項問題。因此證管會要求公司必須在委託書文件（公司必須同時向證管會申報，因此全世界的人都可從證管會網站中看到同一資料）中提出所有上一年度財務業務資訊，也會揭露公司經理人與董事的基本學經歷、現職、薪資、持股等重要公司治理資訊，各董事會下委員會組成、會計師費用等等。不過在現實生活中，這些揭露事項對機構投資人或證券相關分析人士確實很有幫助，可是就大眾的自然人投資人來說，因為利害關係還是很淺，要花相當時間讀懂甚至倚靠專業人士的幫忙，對投資人來說成本其實太高，因此還是採取被動的立場—支持經營者。這跟一般人對政治上選舉的參與度，以及神聖一票會決定候選人的當選與落選，似乎有重大落差，是一個值得探討的題目。

股東提案

美國股東會股東通訊提案之要件

美國證管會的另一個方案是強化股東的主動表達意見的權利。由於委託書的設計，使得股東在股東會上提出臨時動議變成不可能，導致股東會的議案全由管理階層主導，因此從一九四〇年代以來，聯邦的委託書規則變成一個強化股東提案的機制。不過就如同現實股東會上股東也可能天馬行空提出一些不切實際的議題，證管會歷年不斷的修訂這方面的行政命令，反映了有許多與議案有關之訴訟產生，管理階層對接到此類的提案，也不知道是不是一定要納入委託書加以投票表決，還是可以逕自不理。我們下面介紹證管會的相關法規─依據一九三四年證券交易法第十四條所訂定規則 14a-8（Rule 14a-8），俗稱的股東提案規則（shareholder proposal rule），可以給我們的主管機關、上市公司的股東與經營者以及法院一些參考，除開最原始的議事規範以外，股東提案應有如何的運作程序與實質要求。

1. 什麼是提案？提案是股東向公司/董事會所提出的行動建議或要求；提案的內容應盡可能清楚，提出你認為公司應該採取的作法，而由股東利用委託書表決—贊成、反對或棄權。
2. 提案股東必須在提案時持有公司有表決權股份達一%或市值超過二千美元，且繼續持有至開會時。
3. 股東必須向公司證明其第二項的資格（這是因為美國投資人很多將其股份以其證券商名義保有以方便買賣，稱之為 street name，所以該投資人必須證明其係實質的受益所有權人 beneficial owner，這是一種信託的觀念）。
4. 每次股東會每一股東僅能提出一項議案。
5. 提案，包括附帶文件，不得超過五百字。
6. 提案截止日。如果是在股東常會（年會）中提出，截止日會在上次常會的委託書資料中看到（公司設定），原則上是在公司發出委託書的一百二十日前。如果公司去年沒有開常會，或是今年開會時間與去年相較差了三十日，則股東應可在公司的季報中看到截止日期，公司設定此一日期應是公司印刷寄出委託書資料之前的合理時間。如果是臨時股東會，截止日期亦應是公司印刷寄出委託書資料之前的合理時間。如果提案股東沒有符合上述第一至第四的任一條件，公司必須通知股東，若股東仍怠於補正，得排除該提案。公司應在收到提案後十四天內以書面通知股東程序或資格上的瑕疵，以及股東回應的時間範圍。若瑕疵無法補正，譬如已錯過截止日，公司不須通知。若公司欲在委託書資料中排除納入股東的委託書必須依下面第十項提出，並抄送一份予提案股東。如果提案股東在股東會開會時怠於滿足所要求的持股，公司得在後續兩年內的任何股東會中排除納入該股東所提出的所有提案於委託書文件中。

7. 對證管會舉證排除股東提案理由的責任在公司。
8. 提出提案的股東必須親自或由代理人出席股東會來正式提出，但必須符合州（設立所在州）法有關參加股東會與提案之程序性規定。如果公司的股東會之全部或一部是利用電子媒體方式，且公司允許提案股東或其代表人利用該媒體提案，則該股東可不必親自至開會場所而可利用電子媒體出席。如果提案股東或其代表人怠於出席現場與提案，公司得在後續兩年內的任何股東會中排除納入該股東所提出的所有提案於委託書文件中。
9. 即使提案股東符合了程序要件，公司還是有可能排除納入其提案，包括：
   (1) 提案違反州法。
   (2) 提案主題違反任何州、聯邦、外國法律。
   (3) 違反證管會的委託書規則。
   (4) 提案是有關個人對公司或其他人之請求權或指控之調

整，或目的是爲提案股東自己之獲利或促進他人之利益，而非爲一般股東大眾所能分享者。

(5)（關連性）若提案內容有關營運小於公司最近會計年度終了時總資產的五%、以及最近會計年度淨利與銷售毛利之五%，且與公司之事業無其他重要性。

(6) 提案內容公司並無權遂行。

(7) 提案內容有關於公司一般性營運。

(8) 提案內容有關董事或可類比之管理機關的選舉。

(9) 提案內容與公司自己在同一股東會的提案直接衝突（證管會說明公司的提案中應註明該衝突）。

(10)該提案已經公司相當地施行。

(11)該提案與其他較早提出之議案大致重複，而後者將會納入此次股東會的委託書文件中。

(12)若該提案之主題在最近五年內的委託書文件中已納入，公司得在最後一次納入後的三年內排除之，但要符合下列情形之一：(a)在前五年內之提案得到少於五%之贊成票；(b)在前五年內提過二次，在最後一次得到少於六%之贊成票；(c)在前五年內提過三次，在最後一次得到少於一〇%的贊成票。

(13)提案有關於特定數量的現金股利或股票股利（與台灣不同，在美國這是全由董事會決定的）。

10. 公司欲排除納入股東提案的程序，首先公司必須在向證管會申報其確定委託書之前八十日前向證管會申報其理由（則投資人都看到了），並同時抄送提案股東一份。如果公司能舉出正當理由，證管會得同意少於八十日之申報。其次，公司應申報六份，其內容包含股東提案本身、公司的解釋理由（盡可能引據最新的依據，如證管會公司財務組的解釋意見），以及法律顧問就所涉州法或外國法律的意見。

11. 對公司所提出排除納入之理由，提案股東也可向證管會提出抗辯。

12. 公司委託書若納入股東提案，應列出股東之姓名、地址、持股狀態。但公司也可不列出，而敘明公司依有興趣的股東之口頭或書面請求而迅速提供之。公司對股東提案內容不負責任或提供支持的陳述。

13. 公司可以在其委託書文件中陳述理由告訴股東應投票反對該股東提案。但若提案股東相信公司的反對內容有重大虛偽不實之陳述而違反了委託書規則中的反詐欺條款，提案股東應迅速寄信至證管會，解釋個人觀點之理由並附上公司反對部分之陳述。信中應特定事實部分之訊息，而能顯示公司主張之不正確（但證管會建議開始這項行動之前股東最好先與公司溝通）。公司在寄發委託書之前，應先寄給提案股東一份公司反對之陳述，使該股東能注意是否有重大不實虛偽之陳述，不過有下面時間的約束：

(1) 如果證管會的不作爲信函（no-action letter，這是證管會的一種行政實務）要求提案股東修改提案或相關內容

而作為公司納入股東提案的前提要件，則公司應在收到修訂版本後五日內向股東提交反對陳述。或是

(2)在其他情形，公司應在其向證管會申報確定委託書之三十天前提供反對陳述予提案股東。

股東提案對公司是好是壞？

美國的聯邦證管會向來極重視公司治理的議題，而在委託書規則的發展中，證管會在投資人保護、股東的參與、經營者的經營彈性以及避免介入州法公司法管轄權等議題上不斷的掙扎，導致如今這十三項的股東提案規範。有些法律學者對證管會的努力似乎風評不佳[1]。而芝加哥學派的伊斯特布魯克與費雪兩人，更從理論與實證面批判之。他們認為，股東提案基於兩個理論前提：股東需要更多的資訊以更加參與公司事務，以及股東經常會被公司誤導而投出不正確的票。但實證顯示，股東參與的比率並未增加，公司的議案仍然照常通過。兩人從行為論上觀察：股東對投票的冷漠，暗示對公司經營者的授權，股東提案程序其實是多數股東對少數股東的補貼，故是反民主的。

不過從美國的市場經驗來看，股東提案或許沒有公司治理的直接效果，但間接目的可能已達成。美國歷來許多社會團體喜歡利用這種制度來影響（或干擾）公司，引起社會的關注。在一九六〇年代有許多公司治理的提案，在一九七〇年代則是反戰、環保、男女與種族平權都搬上股

東會檯面，以致到一九八〇年代是反購併（或鼓勵被購併），以及一九九〇年代的高階經理人薪資問題都是各階段的話題。最近流行的幾個普遍性委託書股東提案包括禁止公司（及其供應商）利用中國大陸的童工與囚工、禁止製造含基因改造成分食品、製造生產應注意生物多樣性等等，這些提案都遭到經營者的拒絕建議，也不會通過。不過從股東民主的角度來看，如果股東除了重大事項才有表決權利，就不能自主的提出議案嗎？從伊斯特布魯克與費雪的效率論來看，的確不應該，但是不是有時候有許多超出效率的利益因素存在？至少就該二學者所提出之公司契約體觀點來看，如果契約雙方同意修改枝微末節，為何不能進行，最後的不成功代表雙方認定不修改是有效率的，但這種締約成本是一種在公司（股東會）結構下必然出現的成本，否則我們大可以廢了股東會。

事實上，美國從一九八〇年代以後機構投資人在市場上的角色漸行重要，也連帶使學術與實務界重新審視股東會的重要性，而有些具公信力的機構投資人也會利用股東提案來改變公司的生態，而其公信力也能使一般投資人信服而將票投給他們，也因此對股東行動問題的解決抱持樂觀的態度，關於這個部分，本書列為公司治理的外部機制，將在第十一章探討。

台灣上市公司股東會的特色

> **職業股東閃躲 股東會快速通關**
>
> 〔財經新聞中心／綜合報導〕政府放話嚴辦職業股東，造成股東噤聲效應，昨日多場股東會在股東發言冷清下，議事進行速度之快，遠超過以往，幾乎都在一個小時內結束，去年鴻海股東會董事長郭台銘與股東舌戰情形不再，鴻海股東會不到半小時就結束，華新麗華、飛宏等要改選董監事，也是在四十分內解決，華新麗華董事長焦佑倫說，這可是拜總統之賜。
>
> 鴻海每年所召開的股東會，一向是法人媒體比出席的股東多，昨日股東會進行十分順利，議程時間超前，郭台銘在臨時動議時頻頻詢問出席小股東是否要發言，並笑稱，是不是鴻海的門禁過於森嚴，讓職業股東進不來。 郭台銘表示，每年股東會除是完成法定程序的場所外，也是讓股東好好提出意見的時候，因此鼓勵小股東能夠發言，此外，為強化與股東之間的關係，鴻海將新成立「投資人關係處」。
>
> 針對職業股東話題，股東會中的熟面孔、並曾獻花給郭台銘的黃雪芬強調，她只是個投資人，不是法務部擬查辦

的職業股東，往後她還是會參加股東會，照常問一些有關公司營運的問題。

她說，並不清楚什麼是職業股東，她都是很客氣針對公司營運提問題，老闆也會一一回答。

寶來證券昨日也舉行股東會，通過原股東每千股無償配發股票一百股等議案，過程迅速順利，前後僅約二十分鐘，往年股東會「老面孔」並未現身。

寶來證股務人員研判，可能是昨日有多家公司同時舉行股東會，也可能是陳水扁總統放話要嚴辦職業股東所致。手機電源供應商的飛宏也舉行股東會，在股東鮮少發言的情況下，加計改選董監事，花不到四十分鐘就解決。 華新麗華往來召開股東會動輒一、二個小時以上，股東對股利分配輜銖必較，但今年格外順利，就算改選董監事，也是三十幾分鐘就結束。

針對政府要嚴辦「職業股東」，上市公司老闆多表示贊成，但也懷疑政府相關單位如何界定「職業股東」，如何保障投資人權益、並遏止職業股東氣燄，還是得從法令面著手。

東元集團董事長黃茂雄認為，一般投資人投資股票，當然是希望這家公司經營獲利，在股價或配股、配息上獲得報償，這些股東理當可對公司經營表達個人看法，所謂的

「職業股東」應該是以每年股東會爲主，從中獲取利益，將股東會視爲職業的特定人。

黃茂雄說，要明確區別一般投資人及職業股東，有些困難，或許可從其發言態度及後續動作來判斷，其實只要不是無理取鬧或謀取個人利益，公司經營者都十分樂意聽取股東建言。

他指出，日本過去職業股東也很多，甚至爲了個人利益刻意癱瘓議事進行長達一、二天，台灣前幾年也有黑道涉入股東會，政府理當嚴辦這些職業股東，但前提必須得維護股東合理權益。

中信銀董事長辜濂松指出，部份職業股東動輒以癱瘓議事或幾近污辱方式擾亂股東會，政府的確應該遏制這種亂象，但正本清源之道還是要從法令面著手，嚴格執行證交法中相關防止操控股市條款，只要在法律層面上站得住腳，職業股東會知難而退。

引自二〇〇二年六月十一日自由時報

在台灣有關於上市公司股東會的規定散見於公司法與證券交易法。這些法律規定影響股東會開會甚鉅，使得我們的股東會實務大異於美國。

股東會權力很大但股東較缺乏決策資訊

首先，相較於外國，台灣股東會的法定職權很多，除了選舉董監事、修改章程、公司的合併分割與解散等基本事項外，在平常狀態下，尙有許多的權力，如承認年度財務報告、公司重大業務行爲（如受讓他人全部營業）、私募有價證券之發行、確定董監事酬勞等等。且決議方法尙有普通決議與特別決議之分，而後者門檻較高。故可以看出立法者與行政機關對重視股東在公司治理上扮演角色。但，每年的股東會開會通知（依證期會之公開發行公司出席股東會使用委託書規則所印）中並沒有相關資訊，只告訴你某年某月某日在何處要召開大會，有什麼議案（沒有內容敘述）要決議，如此而已。如果股東想進一步得到資訊，必須去公司拿議事手冊，或去位於台北市的財團法人證券暨期貨市場發展基金會（下簡稱證基會）圖書館去查詢影印，否則就只好在開會當天在現場看了，但現場的議事資料，也就是公開揭露的內容，由於現制偏重財務而忽視公司治理揭露，其實並不完整，相較於美國股東得到公司的各類詳細資料，台灣股東的決策品質實不値得特別期待。

利用委託書湊足開會門檻

台灣的公司法仍要求股東會之召開有物理上的場所（尚未開放以電子媒體式的股東會），是以股東必須親自出席或以委託書的方式代理出席。台灣雖然不大，股東會在高雄召開要台北的股東在非假日向公司請假去出席，恐怕誘因甚低，加上前段所言之資訊不足，其實加深了集體行動問題。從電視上看到的股東會畫面，其實可以看到股東的出席率是很低的，台積電的二○○二年股東數統計有三十七萬多人，如果全數出席，台灣沒有任何一個地方可以容納。可是為什麼這麼少的出席人數竟然可以構成法定出席門檻呢？即使台灣董監事平均持股在三成左右。

這裡有許多實質與技術上的理由。首先，許多出席股東其實是機構投資人的代表，他們的持股相對較多，集合起來自然有一定的比例。其次，公司如果股權較分散，在開會前通常會利用委託書的徵求（solicitation），這種徵求在委託書管理規則上有規定，該規定通常有利於經營者的徵求，有時在報紙上我們會看到公司的大股東（公司派）透過信託機構（即銀行）來徵求，內容也明白告訴股東他在股東會上會投什麼樣的票（通常是投贊成公司議案），故是一種全權委託，股東如果不贊同受託人立場就不能將委託書給他而要親自出席，這是合法的。更多在檯面下的是公司派其員工經理董監事等從親朋好友及相關人士處取得委託書（公司有股東名簿，很容易找到持有較多股份的股東），請他們將委託書給他，這其實是一種徵求，但規避了委託書規則對於徵求的較嚴格規定（而成爲規則中所稱的「非屬徵求」），於是門檻達到了，這些交付委託書的股東還是可以拿到紀念品。

此外，即使是特別決議需要較高門檻的議案（如合併、變更章程），公司法固然規定要「代表已發行股份總數三分之二以上股東之出席，以出席股東表決權過半數之同意行之」，但公開發行公司出席不足額者，「得以代表已發行股份總數過半數以上股東之出席，以出席股東表決權三分之二同意行之」。換言之，只要上市公司經營者控有出席表決權的三分之二，提案一定會過。故現行制度其實有意無意是幫經營者解套，故持股三〇%的董監事只要再找到二一%持股的友軍就可掌握股東會，其他股東則無置喙之餘地。

修法建議

即使如美國芝加哥學派的某些學者強調經營者經營彈性的重要性，可是如台灣股東在股東會訊息之薄弱性還是令人驚異的。平實而論，台灣的股東對公司的財務數據的取得管道其實不差（可透過公開資訊觀測站），但對公司治理的幾項結構內容，可能相當貧乏，而落實於股東會的開會程序就顯得有所不足。更重要的是，美國證券法利用委託書的要求，使得不出席的股東可以委託公司董事會全體爲受託人來投票，而委託書資料就是公司這一年來的所有資訊之揭露，特別是公司構成員的相關資訊，這是台灣應該開放與整合的，使台灣的股東能在家中決定股東會的議決事項。證期會以及周邊單位曾委請學者研究通訊投票的可能性[2]，不過除非將來修法完全允許通訊式的股東會，至少在目前應走向美國式委託書的設計，而且是強制性的委託，不但在修法上較簡便（短期內只需修改行政命令而不用修法，將來修法難度亦不高），也使股東能掌握較多與精確即時之資訊。否則，會使上市公司的股東會流於形式。

開會程序、職業股東與臨時動議

股東會的議事管理

由於現在台灣股東會的現實出席要求，使得股東會的開會過程變得重要。在早期，有許多職業股東會有所謂的鬧場情事，這包括檯面下的勒索（如要求給予董監事席次、公司的採購合約等等），不過由於委託書已禁止用金錢蒐購，嚴重性相較爲低（但仍發生於較小型經營者素質不齊的上市公司）。至於媒體所報導有許多小股東出席表達其個人對公司業務或股利分配之意見，當然並無不可，可是其重要性又如何？可是如果小股東所提出的是一個具體的提案，我們在媒體的報導中卻從沒有看到股東會主席（董事長）會加以重視並表決，或者如果重視，股東會又如何能在極短時間內集思廣益，畢竟股東會不是國會，而又如果真的依從內政部所頒佈的議事規則（非法律，僅具參考性）來看當下的議事進行，恐怕台灣許多議事內容都是有問題的，如果真的股東事後心有不甘到法院去起訴，則結果如何尚未可知。凡此種種，都說明了物理上股東會的規範已經不切實際，則美國的股東提案制就具有相當參考價值。

故在實務上，爲了解決上市公司議事的紛爭，證期會依據證期會的組織條例第二條第十一款曾公布了「公開發行公司股東會議事規範」。嚴格來說，這是違法的規定，證期會其實無權規範上市公司的內部自治事項，更何況法律依據竟是該會的組織條例而非證券交易法，證交法要管的是證券市場而非公司本身，公司法或許可以規範。不過無論如何，各上市公司股東會都以此爲範本訂定了股東會議事規則。該規範中規定股東可以提案，可是應不應該表決，其第十四條規定主席對議案之討論，認爲已達可付表決之程度時，得宣布停止討論，逕付表決。由此可解釋經營者在股東會上的裁量權之大。其實主管機關必須就現實來考量，通常二個鐘頭的股東會，不論是誰提出的議案，若經由謹慎的討論，時間其實是不夠的，是以國會通過法案要三讀，美國要先給予股東委託書有關公司及議案的詳細資訊使其事先準備，而台灣的實務與制度，對股東或公司經營者都沒有帶來太大的好處。

臨時動議並不妥適

有時候，經營者或市場派的有力人士，會利用當場提案（即臨時動議）的方式，通過某項重大議題，而未出席股東就毫無準備。因而證券交易法第二十六條之一就規定公司法第二〇九條第一項（董事競業之許可）、第二四〇條第一項（決議盈餘派發股票股利）及第二四一條第一項的決議事項（公積轉增資派發股票股利），不能使用此種突襲性的臨時動議。而公司法第一七二條第五項也規定改選董監事、變更章程、公司之解散合併分割或第一八五條第一項之重大事項都不能以臨時動議提出。固然這對股東來說較有保障，可是對股東主動的權力並無增減。因而公司治理趨勢中強調股東積極主義（shareholder activism）的現在，應將臨時動議等的股東會的場地規範轉向思考至積極股東參與與知的權利，如美國證管會的作法，以委託書爲基礎，可根本解決議事程序的問題，大幅減少台灣股東會許多特殊甚至不好的慣例。

---

[1] *See*, *e.g.*, THOMAS LEE HAZEN, THE LAW OF SECURITIES REGULATION 458 (4th ed. 2002).

[2] 見劉連煜、林國全，股東會通訊投票制度之研究，台灣證券集中保管股份有限公司委託研究，1997 年 12 月。

第七章　公司內部組織成員與內部控制

「貪婪是好事，我希望你們知道，我認為貪婪是健康的，你可以同時貪婪並且覺得很爽。」
美國股市套利大王 Ivan Boesky（後因內線交易下獄），在一九八六年對柏克萊加州大學商學院的畢業典禮上致詞

在這一章中我們要將公司內部一些人士或組織架構單獨拉出，觀察他們是否具有公司治理上的重要性，我們將依序探討高階經理人、員工、內部稽核與控制制度、法務主管，以及在台灣尚屬陌生的法令遵循主管制度。

高階經理人的報酬

以 CEO 爲代表的高階經理人（executives, executive officers, officers）之報酬，是這一次美國企業醜聞中的焦點。我們曉得，美國實務中公司經理人的薪資報酬是由以獨立董事主導的報酬委員會決定。一分耕耘一分收穫，似乎只要公司經營得當，經理人自當享有合理的報酬，即所謂的同心成本（bonding cost）。在台灣似乎少有人質疑公司經理人的薪水是否過高，一是因為台灣對此的透明度似乎不夠，另一個理由可能是目前的薪水尚在市場所能容忍的程度。

美國高階經理人高額薪資的現實面

> 二〇〇二年九月，普受世人尊崇的奇異電器公司(GE)前 CEO 傑克．威爾許(Jack Welch)因為妻子訴請離婚計算贍養費的關係，而使得他的財產必須揭露出來。
>
> 在威爾許退休後，奇異提供下列終生支出：紐約曼哈頓公寓的房租與所有費用（包括食物、酒、廚子、浴室用品、管家人員、洗衣、家具與裝潢）、旅行費用、娛樂支出（如紐約鄉村俱樂部的會員）、私人轎車與司機、電腦設備、每年八萬六千美元的顧問費用、公司設備與服務的使用（如公司自有的噴射客機）。
>
> 由於正逢安隆案後人民對企業主貪婪無度的厭惡，事情揭露後威爾許趕忙出來說明。因為招受如此批評，他已經放棄豪宅、飛機及其他奢侈的福利。
>
> 資料來源：二〇〇二年九月路透社、美聯社電

但目前美國的公司實務，似乎造成此處的代理成本太高，遠遠超出股東的期待範圍，而有相當的效率損失。美新週刊曾依據相關資訊來源分析，從一九九〇年至二〇〇

○年，美國的（累積，以下同）通貨膨脹增加了二○%，平均工資增加了三七%，公司獲利增加了一一四%，但CEO 的報酬卻大幅增加了五七一%[1]。這種明顯的不對稱，即使崇尚資本主義與白手致富的美國社會也看不過去。美國企業的報酬委員會通常對 CEO 的薪資主張十分寬容，CEO 還會聘請報酬諮商專家跟董事會談判，由於董事與CEO 共生共榮之特質，加以這十年來美國經濟的強勢，使得 CEO 的報酬一飛沖天，而這樣的報酬也就扭曲了專業經理人的市場價格。比如說 CEO 會跟董事會說，你看某某公司 CEO 是這樣的酬勞，我們公司比他大，我的任務更複雜，所以我要求多少多少；如果董事會跟他討價還價，CEO又會說有某大公司想要聘請我，價碼多少多少。如果公司真的撤換了 CEO，找了一位新的來，他一樣會開出類似的酬勞。

即使 CEO 的薪資降不下來，他們的壓力還是很大。主要還是來自市場投資人。投資人非常關注公司短期業績的表現，如果一、兩年公司獲利不見起色，董事會受制於市場壓力還是會請 CEO 走路，由於 CEO 生命週期太短，像是職業球員一般，也是使他們要求提高薪資的一種原因，也就是大家都在搶短線，使得公司經理人正直的情操逐漸喪失，這也是張忠謀近來的感嘆[2]。而最近有關經理人報酬的問題還是集中在股票選擇權（stock options）方面，但這是簡化了美國的問題。我們用下面的一些實例說明美國的CEO 報酬已近乎不可思議的複雜與貪婪，正因如此證管會更詳細要求公司揭露此等事項（規定在規則 S-K 的第四○

二條）。

首先是每年的底薪，目前一百萬美元是常態，公司通常會說這是依據其職位之責任、同行（peer）CEO 平均薪資與個人表現而來，但實質是因爲美國內地稅法在一九九四年修法後規定，公司之最高階經理人如年薪在一百萬元以下，公司可扣抵稅額，如果在一百萬元以上，必須是以績效作爲敘薪基礎（performance based），且要股東會通過此報酬計畫方能抵稅。不過 CEO 經常會被挖角與跳槽，公司通常會支出這些成本。

惠普 CEO 薪資分析

以惠普的菲奧莉娜爲例，除了底薪一百萬元之外，一九九九年（以下皆指會計年度）她從朗訊科技跳槽過來就給付簽約金紅利三百萬元、一九九九年至二〇〇〇年搬遷補助（含貸款補助金、搬遷稅賦補償、搬遷支出費）共計一百四十六萬八千餘元，每年有保證紅利一百二十五萬元（菲奧莉娜將二〇〇〇年下半年的六十二萬五千元退回，因爲她認爲沒有達到獲利目標，但她在二〇〇〇年上半年又得到短期紅利一百一十四萬餘元）。此外她在進入惠普時得到一百四十八萬六千三百三十六股（美國每一百股爲一張），價值依市價計有六千五百五十五萬餘元。這些股票稱之爲限制股票，因爲美國的證券法令對公司的關係人持有這種股票有持股期間（一年）與處分方法的限制（少量賣出)。菲奧莉娜是個典型例子，她可拿到限制股票的半數，另一半即七十四萬三千一百六十八股，稱爲股份單位（share units），並未在會計與法律上實現（vest），而是分三年給予。惠普聲稱這是爲了補償菲奧莉娜離開朗訊所失去的配股等契約權利而補償的，這也的確是美國實務上普遍的作法。

菲奧莉娜在二〇〇一年被給予了一百萬單位的股票選擇權，佔發給全體員工的選擇權的一・五%，根據其內容，第一年後可行使二五%，第二年後五〇%，第三年後七五%，第四年後則一〇〇%。行使的買進價格是當初發給時的公平市場價值即三五・一三美元[3]，有效期至二〇一〇年十一月。選擇權的特色在於激勵員工創造利潤，因爲只有市價超過行使價的時候，選擇權才真正具有金錢價值，員工才會去行使選擇權向公司購買股份，拿到股票後再到市場上賣掉。不過惠普公開的資料有許多曖昧不明之處，譬如它並不是行使一單位選擇權可買一股，而是可以調整的，換言之，即使股價低於行使價（在它定價時即已如此），菲奧莉娜還是有機會行使。由於股票選擇權在美國的爭議是公司既不把它列爲費用又在其報稅時又算入扣抵項目，使得其盈餘有浮誇的問題。關於這點「二〇〇二年沙班尼斯—奧司雷法」有刻意避免觸及之嫌，而留待依該法成立的公開發行公司會計監督委員會（Public Company Accounting Oversight Board）來處理。

此外，菲奧莉娜契約中也規定一旦惠普的經營權換手（如被合併）而 CEO 被新的董事會換掉，所有未到行使期的選擇權自動到期，她可在二〇一〇年以前任意行使。他的受僱契約中另規定萬一此契約因爲非任意性終止（死亡、傷殘或有正當理由以外）或菲奧莉娜有正當理由自動終止，公司應給付她應享有的薪資與保證紅利之外，要給予她相當於兩年底薪（含調整數）的資遣費（在二十四個月內分期給付），兩年的福利計畫，已（到期）實現的限制股票，及未實現部分的股票選擇權之五〇%，其他還有其他如退休金與退休投資計畫等。另外惠普的公開揭露資訊也指出公司同意在與康柏合併案完成後會給連同菲奧莉娜在內的高階經理人加薪。

菲奧莉娜的僱傭契約其實還算是「價錢合理」。如果我們看到安隆對前 CEO 肯尼斯・雷報酬的計算之複雜根本令人極難理解，這都要感謝這十年來有多少法律、財務、租稅與會計專家的參與結果。報導甚至指出高階經理人的福利尚有全家的壽險、終身年金、終身使用公司飛機、無息或低利貸款等等。在 K-Mart 百貨破產之前的數月，公司就放款給高階經理人一千八百萬美元的款項。不過就公司放款給公司內部人部份，除金融機構的合法與公平放款之外，二〇〇二年沙班尼斯—奧司雷法第四〇二條增訂了一九三四年證券交易法第十三條第（k）項，禁止發行人放款或授信予其董事與經理人。

功能面分析

陳述了那麼多的美國經理人的報酬方法，我們不禁要問這對公司治理有無任何的負面影響。理論上來看，這些金額在公司應揭露的文件上大都看得到（即使有些在會計認列上有爭議或內容有曖昧之處），投資人似乎不理會，股價自然反應了投資人的心態。直到現在許多公司發生事故，投資人才如大夢覺醒般，才曉得確實公司治理會影響公司股價。

美國的市場是專家組成的，也就是說華爾街的證券分析師與機構投資人其實對這些年來經理人報酬不合理的飆漲是採取放任的態度，他們只關心公司獲利等數字而對許多公司結構問題予以放任，同樣疏忽的是公司的董事會，特別是所謂的獨立董事，在專業經理人以各種財務數據的說詞之下，似乎也顯得束手無策。由於這些都是私法行為，法律似乎也只能要求公開揭露，讓投資人去評價。不過這種對經理人的優惠，其實會造成公司從其他部分來彌補，比如說對員工的福利（包括資遣）、公司其他開銷的簡省，甚至產品價格的提升。在通常狀況下，這種經理人的高薪，並不會違反其對公司所應負的法律責任，故市場以及董事會成員還是最重要的監督機制，從目前情形來看，似乎還沒有達到使美國人有完全警覺的狀況，似乎國會的新立法與證管會也沒有什麼行動，這實在也是因為法律無從介入，因為薪資全是一種自願性的交換。但確實的會計認列可以讓一些在模糊地帶的報酬彰顯出來，或許能讓公司經理人與市場警覺其嚴重性，這是立法者與會計業者都必須體認的。

再論 CEO 的股票選擇權與績效評鑑

股票選擇權的正當性是在於這種酬勞是基於 CEO 的績效而來的：如果公司獲利很好，自然表現在股價上，而 CEO 在一段契約拘束期後（如三年，每年可實現三分之一），股價已漲到超出當初約定的執行價格，CEO 就會行使選擇權以執行價格向公司購買股票，再轉手在市場上賣出轉取差額。故如果公司績效不彰，市價很低，CEO 就無利可圖，因此選擇權是給予高階經理人認真工作的誘因。

四種 CEO 薪資浮濫的原因

但在美國，這樣的好意已被濫用。

第一，有很多公司的選擇權計畫的執行價格是可以調整的，如公司無法達到獲利目標，但 CEO 強勢說服報酬委員會他是如何如何的認真，只因大環境不好等等，因而董事會同意調低，但從沒有看過任何一個例子 CEO 會主動要求董事會調高的。

其次，由於績效的指標是營收與股價，因此 CEO 可能會利用各種手段創造短期績效，讓市場眼睛一亮，但長期未必對公司是好的計畫，但股價推升的目的已經達到，這也必須要怪美國股市近年來的短視行爲。而許多 CEO 迫於市場的壓力，開始遊走法律與會計邊緣，其目的就是創造出漂亮的財務數字，以致無法自拔，安隆案就是典型。而且，所謂公司的營收或股價表現，未必就是管理階層所創造出來的，可能是景氣變好，或是股市處於多頭，CEO 所拿到的選擇權其實是內含有這種意外之財（windfall）。

第三，雖然實務上高階經理人報酬是由報酬委員會委請外部顧問公司提出諮詢分析，最後由董事會決議，但這段流程 CEO 的影響是不可忽視的，而報酬顧問公司也沒必要和 CEO 過不去，自斷財路。

第四，有一些公司可能有形象考慮，或是受到機構投資人的壓力，對於股票選擇權盡量排除內含的意外之財價值。一種是利用指數的方法，將行使價格與同一產業的表現連動，以排除股價中非 CEO 所貢獻之成分。另一種是董事會事先設定 CEO 的績效目標，一旦績效達成，CEO 選擇權就確定實現，至於行使價格可能是發行日的市價，也可能是較高的價格。不過這兩種方法，據統計在美國前二百五十大企業中僅有百分之五採用，可能的理由是會計認列的問題，因爲傳統的選擇權不列爲費用[4]，故公司盈餘較好看，而用這種調整過的設計，以美國財務會計準則委員會（FASB）所建立的一般公認會計原則下是要定期從盈餘中扣除的，故對公司而言有反市場的誘因[5]。

CEO 績效評鑑

對於 CEO 與高階經理人的績效除了上述的選擇權激勵計畫外，美國企管學術界也倡導董事會要建立對 CEO 的評鑑制度，企業界也都或多或少開始採行。當然如果評鑑不理想，董事會是可以請 CEO 走路的，也的確有此情況發生，不過由於美國的 CEO 市場的供給面似乎缺乏彈性，在薪資方面始終居高不下。但評鑑本身並不是不好的制度，至少能使董事會對 CEO 的工作成果有全盤與系統性的了解。但美國近來的發展是將量化指標發展到極致，CEO 的各項表現甚至其人格特質能否全以數字替代是很有問題的，而 CEO 們面對這種評鑑是否有刻意迎合的對應方法恐怕也是當初倡導者所無法想的（作者註：這就像是教育部評鑑大學以及學生評鑑老師有同樣的問題）。個人以爲，評鑑要有非量化及量化的指標，但還是要獨立董事本諸專業、道德與理性共同對待。這就像市場評估公司一樣，並不只是財務數據而已，公司治理的內容可能無法量化，但只要揭露出來，投資人自有評估的方法。

員工

在美國，員工與公司間的勞動契約，固然也是公司契約網的一個重要構成因子，但不論是實務上或法律理論上員工都極少視爲公司治理的機制之一。這裡可能有複雜的歷史與社會因素。公司法關心公司的資本結構，至於勞工，則屬於勞工法範疇，傳統上勞動契約是私法契約的一種，表示雙方締約地位平等，如果員工有能力，自可要求較佳的保障。當然現實的發展則未必，因而有工會的成立，強化工會成員團體協約權利之保障，以及罷工的權利等是，如此強化勞方的締約地位，可說是美式勞資關係的基本精神。而政府則從其他勞工權益，如勞工安全、傷殘補助、失業救濟等補強勞工的工作權。但基本上勞資處於對立的角色，美國從來不認爲勞工與資方應該共治，那是社會主義，不是美國資本主義中強調人人有機會利用自己能力成爲資本主的個人主義思維所能容忍。不過有些美國企業確實希望採取與員工共治的方法，但一直無法成爲主流，則似也反映了美國員工的普遍觀念。

美國的員工認股權計畫

不過美國近二十年來對於員工股權計畫（employee stock ownership plan）則日趨普遍。員工認股權計畫，簡稱ESOP，其興盛的主因是公司避稅的考量，以及一九八〇年代防止購併的手段之一。ESOP簡單言之就是公司提撥盈餘（現金或股票）給員工，但不是直接給，而是移轉至一員工信託基金，員工（受益人）在退休時可能依年資等計算投資比例才能拿回股份或現金，而該基金通常是由外部的受託人實際經營之，基金只能投資該公司的股票，而受一九七四年員工退休收入保障法（Employee Retirement Income Security Act of 1974, ERISA）的規範。

在許多企業中，ESOP擁有相當的股權，比例從百分之幾到七八十都有。最引人注目的是（但不具代表性）是一九九四年重整後的聯合航空，變成UAL公司的子公司（UAL現已聲請重整），而UAL是完全由聯航員工ESOP所持有。一般而言，有ESOP的企業讓員工或工會代表擔任董事的例子很少，ESOP整體而言是公司的大股東，但在一般狀態下員工沒有投票權，而是由受託人依據信託的信賴義務（fiduciary duty）爲員工的最大利益行使，通常狀態下會支持現有經營者，但也有在公開收購時倒戈以及工會代表擔任受託人提出發出強化勞工權益的案例。

至於ESOP與公司績效的實證研究似乎多有正面結果。不過也有人指出，特別是站在工會的立場來看，固然ESOP有結合強化所有者與員工共利的特性，可是就退休制度而言，如果退休金全押在公司未來的績效上，其實風險是很高的，因此從勞工角度看退休計畫，除了ESOP還是要有一般的退休金制度[6]。的確，從安隆案成千上萬的員工因此喪失了主要退休金來源，ESOP的確有其死角，特別是它在監督公司經營者降低代理成本上似乎並非其設計重心，自然也就無法表現出公司治理的效能。

台灣的員工分紅入股

而在台灣，所謂「員工分紅入股」係明定於公司法第二四〇條第四項。是指公司在分派盈餘時，將紅利轉作資本時（盈餘轉增資，股東拿到股票股利），得依章程規定將員工應得的紅利，以股票方式發給（也可用現金）。另外依公司法第二六七條第一項[7]，公司在公開發行時（現金增資），應提撥一〇％至一五％的比例供員工承購（但員工可以放棄認購），此稱爲「員工優先認股權」。

當然員工的分紅，是從盈餘而來，如何分派或分派多少由股東會決定（但公司法允許股東會授權董事會決定，而公司大多會如此做），故董事會也可決議不給員工分紅入股，但這項實務台灣早已盛行，且資訊相關產業的員工高配股政策更是媒體以及市場關注的焦點。但就台灣的公司治理實踐上來看，目前似乎關注的焦點有二。

第一個是是否員工大量配股造成財報的失真，引爆點是二〇〇二年七月十八日亞洲華爾街日報的一篇報導。由於分紅是從盈餘中提出而非提列爲薪資的費用支出，因此在損益表上看不到（只有稅後盈餘），故被批評爲不透明。換言之，一般習用的指標每股盈餘（EPS）其實不真，應該扣除員工分紅部分。而股數增加，如果獲利能力不變，其實原股東股權被稀釋。

而台積電等在美上市公司，其財報原則上要符合美國一般公認會計原則（U.S. GAAP），所以會有兩套帳，而在美國申報的財報中就必須將員工分紅認列爲費用，因此比同期在台灣申報的盈餘來得低。天下半月刊曾比較五家赴美上市公司的兩地會計認列，差異之大，令人吃驚：台積電依台灣 GAAP 二〇〇一年的盈餘是一四四·八億元，但依美國的則是虧損二二四·三億元；聯電依台灣 GAAP 是虧損三一·五七億元，而依美國 GAAP 虧損變爲二三二·四七億元。主要的差異在於在美國股票分紅不僅列爲費用，其計算是以市價乘以股數得來（而非以票面金額），因而台積電的員工分紅是二六四億元，聯電是四五·二六億元[8]。

台灣的會計學者也同樣認爲應以經濟實質來看，公司法過於強調形式（亦即可以分紅，但不必強用與會計原則牴觸之方式），其實大可不必[9]。

二〇〇一年的公司法修正，雖然刪除了許多會計的特別規定，而回歸到商業會計法的基本規定，但員工分紅入股則保留。其實，公司法的主管機關最好考量我國會計制度與國際接軌的問題，分紅入股列爲費用，其實更可以使投資人思考（以及經營者反省）公司的股利政策，究竟對市場有如何的衝擊。否則就現行制度下，投資人必須要拐好幾個彎，從不同的揭露資料中整合計算公司的實際盈虧，對投資人的資訊成本有較大的負擔，也會減損國際投資人對台灣股市的信任度。畢竟市場機能是重要的公司治理機制。不過這裡必須要併予敘明的是，各國的會計制度難免會有衝突之處，但未必美國的制度必然最佳，國際間早對此有體認，其中國際會計準則委員會（IASC）所發展的國際會計標準（International Accounting Standards）即企求調和各國的不一致，並期待能成爲跨國上市發行的會計的統一準則，但目前還未有完整的共識。

另一個焦點是許多企業主包括張忠謀、曹興誠與施振榮都公開表示支持員工分紅的好處。其中不外乎吸引人才。而曹興誠更從實際面來看：「你（員工）只要好好做，你也可以發財，不用自己去做老闆。」「分紅入股使台灣可以把薪水壓得非常低，只有美國、日本的三分之一而已。成本低就有穩定性，不景氣的時候，人事成本低，根本就不用想裁員的問題。」[10]但是由於員工分紅的普遍，產生了排擠效應，如果股票分的不多，可能工程師根本不考慮來這家公司，台積電與聯電都已碰上這類問題，而傳統產業則更是。換言之，員工分紅入股就企業者的眼光來看純是利害（經營績效）的考量，給予員工某種生活上（至少是可用金錢買到的）的滿足，本質上似與公司治理無關，畢竟擁有股東的身份，但還是持股極微，集體行動問題依然存在，對降低代理成本並無幫助，甚至因公司內部階級（hierarchy）的受指令而動作之特性，反而抑制了這些股東—員工雙重身份者監督經營者的股東責任。

但分紅入股的根本問題，在於薪資的外部性，公司發股票給員工，員工在市場上賣掉，由於是無償取得，不論市價高低，賣出即有利益，僅需負擔微薄的證券交易稅，其實是由買進股票的投資人負擔員工的薪資（甚至是大部分薪資）。除非長遠的獲利能支持股數的持續增加，否則股票的套利或資本利得都有極限，這可從台灣這十年來的股價變動就可得知，以及公司上市後分紅及配發股票股利比例會逐漸下降可資應證。

而德國式員工與企業主共治的文化，在台灣也不易產生，這裡有很強的政治與社會因素。台灣基本上沒有社會主義的勞工運動，工會力量甚爲薄弱，罷工困難，沒有勞工政黨在政治上代言，政府向來幫助資方而刻意忽視勞工集體協約權益，使得員工無法成爲公司治理的工具。而員工分紅入股，前已言之，有其國家經濟發展或員工個人經濟生活的意涵，但在公司治理上，則未必。除非公司刻意優裕員工，讓他們擔任董監事，可是這只是個案，無法成爲普遍遵守的法規範。固然員工是公司重要的構成員，相對於股東提供金錢資本，員工提供了勞動資本，享有固定的（薪資）請求權，公司法應否摻入這些元素，是一個值得探討的議題[11]。

內部控制制度

什麼是內部控制？

早期在美國對於內部控制（internal control）是純就外部稽核（稽核與審計兩者意義相同，英文皆是 audit）來看的一種企業的會計作業模式，對簽證會計師的查帳有其便利性。一九四九年美國會計師協會（AICPA）下的審計準則委員會所發布的報告中對內部控制有了具體與獨立定義，而在一九五八年所發布的第二十九號審計準則公報（SAP）中區分了會計與行政控制兩大類，一九七二年的第五十四號則有更明確的定義，而會計控制部分，在一九七七年美國修訂一九三四年證券交易法時，納入於第十三條第(b)項第(2)款，大致如下：

1. 發行人應製作與保存簿冊、紀錄、帳目，以合理之明細，正確並公平反應發行人之交易與資產之處分。
2. 發行人應設計並維持一內部會計控制系統，能充分地提供合理之下述事項之保證：
   (1) 交易之執行係依據管理階層之一般或特定之授權。
   (2) 交易被記錄，是有必要於(a)爲了準備與一般公認會計原則或任何其他適用標準一致之財務報表，及(b)維持對資產之責任。
   (3) 僅在與管理階層之一般或特定授權一致下，方能允許對資產之處理。
   (4) 對資產之經記錄的責任經過合理的時間階段與現有資產作比較，且針對不一致之處已提出適當之行動。

（作者必須要指出這個條文中即使對英文有相當認知的人都會覺得有點不知所云，因爲這是會計界用語，許多其實在英文原意上就不是很精確，更遑論譯成中文，這是會計學的一個根本問題。）

內部控制範圍逐漸擴大

從內部會計控制有法律明文以後，美國學界與實務界進而闡述非會計部分的內控，而 COSO（Committee of Sponsoring Organizations）（由各大會計師事務所所資助）在一九九二年所公布的四大卷內部控制整合性架構，使得內部控制進入成熟期。根據其定義，內部控制是在三個領域一營運的效能與效率、財務報告的可信度、法規相關的遵循上，由機構之董事會、管理階層與其他人員所完成之程序，設計用來提供達成目標的合理保證。其後一九九四年會計師協會於第七十八號審計準則公報（SAS）中納入 COSO 報告之基本原則，並表示對 COSO 報告之肯定以及其妥善之內容已逐漸得到美國企業之支持與採用[12]。

內部控制（或稱爲內部稽核）在這十年來在國際實踐上發展相當快速，成爲重要的企業管理工具，實際工作內容與程序亦開始細部化，我國學者有將內部稽核分爲財務、營運、法令遵循、電腦、績效、管理、專案計畫等七類內稽內控，其程序又可簡單區分爲稽核之規劃、資訊之檢查與評估、結果之溝通、事後追蹤等四項基本步驟[13]。從本書公司治理的角度看內部控制，宜肯定其對減輕代理成本的功能。因爲公司本是一複雜的契約結合體，不論是股東或是市場都不能從近處看出公司的瑕疵而加以改正，而董監事雖居於公司內部，可是位於高層，也未必能掌握完全的資訊，如果公司內部有自我矯正與監督機制，理當減輕代理成本，避免內部人濫用或不當使用權力，也有促進企業制度化的效果，這對台灣家族企業與初創企業居多的情況，更有改善其體質的效果。

台灣引進內控制度已有一段時日，證管會於一九九六年發布「公開發行公司建立內部控制制度實施要點」，要求公開發行公司一體適用，其內容大致參照美國實務制度，惟不具法源，故二〇〇二年六月證券交易法修正時，增訂第十四條之一，明定公開發行公司、證券交易所與證券商應建立財務業務之內部控制制度，內控制度準則由主管機關定之。這些公司應在每會計年度終了後四個月內向主管機關申報內部控制聲明書（同時修正的期貨交易法亦對期貨交易所、期貨結算機構與期貨業有相同的規定）。並依該條文訂定了「公開發行公司建立內部控制制度處理準則」。稍早銀行法於二〇〇〇年十一月修正時亦要求銀行應建立內稽內控制度，於二〇〇一年七月修正的保險法及制訂的金融控股公司法亦分別對保險業與金融控股公司有相同要求。

內部控制的問題：整合各種專業有困難，會計方法有其極限

儘管內部控制制度在理論上可以減低代理成本，但其亦有盲點，目前似乎尚未有人注意，本書藉此提出幾點觀

察。

首先，美國二〇〇二年沙班尼斯—奧司雷法再次體認內部控制制度之重要，其第四〇四條授權證管會訂定行政命令規範發行人在年度報告中納入內部控制報告，其中應陳述管理階層建立與維繫對財務報告之內部控制制度之責任，以及發行人對最近一個會計年度對財務報告之內部控制架構與程序的評估。該評估應經註冊會計師事務所之簽證（attestation）。從此處與前述一九七七年的立法可以看到，美國法律雖然體認到內部控制的重要性，可是還是將它局限在財務與會計部分。這種局限有其意義，因爲內控之起源就是會計內控，將其擴張至非會計部分其實涉及其他的專業，稽核人員的會計背景其實未必能勝任，簡單來說，公司內部的資訊系統、人力資源等會計人員或會計師實非專長，要其有此能力未免強求。對某一項交易，會計人員或許能表達其專業意見，可是涉及科技面或法律面就必須要相關人員的參與。換言之，全面性的內部控制制度，不僅要整合許多專業領域知識，同時也是整合許多人力與制度，絕非會計審計人員所能單獨承擔。也就是說，從會計與審計學科所發展出的內控，未必對普遍地對企業內外部行爲一體適用，也無法將之法律化。由於內控必須由外部的簽證會計師評估，會計師的能力亦只能限於查帳的會計審計作業，是以立法者也體認了內控的限制。而且其他領域，是否能適用查帳的法則加以審查，也不無疑問。

而在台灣，公司內控的評估亦由簽證會計師負責（稱之爲審查簽證），審查內容卻包含非會計部分，會計師能否有其他專業領域的訓練，恐怕答案是否定的。我們都知道在台灣會計師是必須經過考試院所舉辦的會計師特考合格取得執照方有執業資格的，而在美國會計師（certified public accountant）也是要經過各州的資格考試才能取得，其專業性不容置疑。而內部稽核師（certified internal auditor, CIA）因爲本質上的問題，屬於企業管理的一環，無法具有律師、會計師、醫師等在學理上的專門技術以及職業上的區別，而類似於企業管理師，故即使在美國，聯邦或州皆不加以規範，純屬私人組織之證照資格。故台灣推行內部控制，似應將範圍局限在財務上，也避免會計師超出其能力的過度的法律責任。

董事會應對內部控制負最終責任

最後，對於至少是財務部分的內部稽核制的組織方面，應加以討論。證期會發布的「公開發行公司建立內部控制制度處理準則」第二十一條規定應設立由總經理以上直接指揮之內部稽核單位（文意不清，以上是指誰，董事會、監察人，還是股東會？），其主管任免應經董事會過半數之同意（文義又不清，未提及是出席或總人數）。如果像美國CEO大權獨攬的公司，CEO若對稽核主管有相當的影響性，則無法發揮監督的效果。金融局所訂定的「銀行內部控制及稽核制度實施辦法」第八條就明文規定稽核單位隸屬董事會，故總稽核之地位與總經理平行（但職等較低，相當於副總經理），更能彰顯其獨立性[14]。而美國公司法泰斗Eisenberg教授跳脫此類機關設置的思維，而從美國的刑事制度、風險管理、董事的注意義務等來看，不論公司採取何種內部控制制度，董事會應對其負最終的責任，畢竟董事會身兼決策與監督的雙重功能，可資參考[15]。

而「上市上櫃公司治理實務守則」則建議由董事會訂定內部控制程序（第二十七條第一款），及由審計委員會進行內控制度與人員及其工作進行考核（第二十九條第一項第四、五款），間接顯示了董事對內控負有最終的責任。建議此等責任，應訂明於法律中，使其成爲法律上責任（因我國並非如美國的法官造法國家），而強化董事的注意義務，保障投資大眾與公司自身。

法令遵循制度

法令遵循（legal compliance）制度在美國已頗爲普遍，在台灣目前只有銀行在試行，但政府與企業對這項制度都不甚了解，在此有必要說明其與公司治理的關連性。

法律遵循是內部控制的一環，其功能是在公司內製造一種環境可以阻卻員工與代理人從事不法之行爲[16]。也就是說法令遵循是一種預防性的法規範（preventive law），在企業內部建立一套制度，使得公司人員在從事各種行爲時知道可能會產生的法律責任而加以避免。畢竟公司的業務中經常會遇到嚴重的法律問題，包括公司法、證券法、勞工法、環保法等常見的普遍適用性法律，而如內部職工的性騷擾、種族平權等也必須有一套可讓其遵守的指標，避免一旦發生法律事件後，公司與其員工遭受嚴重的民刑事訴訟責任，這也是有效率的法治國家所產生的企業文化現象。

美國法令遵循制度發展的原因

近十多年來法令遵循制度的普遍發展主要還是受到兩個外在因素的影響。第一個是美國聯邦刑事制度的變革，由國會所建立的所謂「量刑指導原則」（U.S. Sentencing Guidelines），這是一種強制性要求聯邦法官在對有罪被告量刑時，必須依照該原則所建立的量化因素（有點數的計算其可責性）（換言之，法官的裁量空間會變得很小）。在這量刑指導原則中，對於公司的刑事犯罪，如果公司能證明有努力於法規遵循制度的運作，可以作為減輕刑度的計算點數；如果公司自願向有關機關通報內部的犯罪，則可扣除更多責任點數。因此給予公司誘因建立法令遵循制度[17]。

第二個因素是德拉瓦州法院對公司建立法令遵循的態度。由於美國前五百大企業中大多數都是依據德拉瓦州公司法設立，而美國又是一個法院造法的國家，是以法院的判決結果對公司法的發展影響很大。而有關法令遵循的里程碑是一九九六年德拉瓦州衡平法院（Court of Chancery

）的一個判決：In re Caremark International, Inc., Derivative Litigation[18]。該案的事實是 Caremark 公司是一家提供病人照顧看護的公司，提供如專人看護、看護場所及處方藥提供的多元性公司，其主要收入來源是「第三人付款」，就是保險公司、健保體系（Medicare/Medicaid）等的代償金額。Caremark 為了爭取病患使用其服務，給予許多醫生轉介費（referrals）（即台灣的紅包），總額超過百萬美金，但名義上是使用諮詢契約或研究補助金，鼓勵醫生將其病人轉接受 Caremark 的健保服務，而這種紅包行為是違反聯邦醫事的反轉介費用法的。案經聯邦檢察官起訴，Caremark 與檢察官達成認罪協議，並付出超過一億的罰金與行政罰鍰。同時間也與保險公司達成和解，金額在九千八百五十萬元左右，但沒有任何董事或經理人被定罪。

由於這樣嚴重的司法結果，數位 Caremark 的股東在德拉瓦州衡平法院提起股東的衍生訴訟（此類訴訟將在下面第八章說明），主張公司的董事違反了注意義務，未能好好的監督下屬，沒有妥善的矯正措施，以致造成公司空前的損失。兩造在庭上達成和解，而衡平法院院長威廉・艾倫（Chancellor William T. Allen，是公司法權威，也是本書作者的老師）在和解判決中提出七項公司應遵守之條件，並提出董事在法令遵循上的責任，引起美國實務界與學術界的高度重視。

艾倫院長將董事的責任分為兩大類，第一類是所謂在受不當諮詢（ill-advised）或過失下所做的決定造成公司的損失。通常在美國，董事對這類責任所主張的合法抗辯是經營判斷法則（business judgment rule），只要董事的決策過程是經過誠信（good faith）地熟慮或其他理性之方法，法院或任何人不能在事後以後見之明說當初的決策是如何愚蠢以致有如此的損失云云。第二類是董事怠於監督的責任，艾倫認爲董事的功能已不僅是對公司之重大事項作決策而已，應發展到監督公司行爲是否遵循法律，更由於聯邦對法人組織的量刑指導原則的建立，使得公司的潛在刑事責任變得驚人（因爲罰金額度會重創公司財務，如 Caremark 的案例），使得公司必須要建立有效的法令遵循制度。

雖然就本案的事實，董事未必違反其注意義務而構成對公司的民事賠償責任，但因爲是和解，艾倫院長很滿意雙方所同意之條件。在七項條件中，與本章較有關連的，是公司會在董事會下設立一個法令遵循與職業道德委員會，由四個董事組成，其中二位必須是外部董事，每年至少集會四次，完成對反轉介費用法相關之政策及監督各事業部門對此之法令遵循，並每半年向董事會報告遵循狀況。公司設法令遵循主管（compliance officer），每半年應向前述委員會報告，並與外部法律顧問合作，審查現行之合約，新合約必先得其同意，簡單言之，就是董事會要建立一個法令遵循的通報系統（reporting system）。不過即使董事會實施了通報系統，通報系統的有效與否，也就是董事會對法令遵循的實際效能能否發生效能，艾倫院長並未論及，確實是一個理論與實務的盲點[19]。而這個懷疑從美國近來的企業弊端得到印證，也就是目前大家期待以法律或外在壓力強化董事會監督機能的原因。

法令遵循案例分析

美國企業實務上對法令遵循的實踐還未形成完整的體系（畢竟法令繁複），不同產業也有其獨特的法律問題。不過將法令遵循的最高責任置於董事會應屬妥適，就公司治理來看，有完善內部控制的企業固然能減輕代理成本，但由誰來監督內部控制反倒成爲內控有無實際效率真正原因了。確實美國有些公司已經採用法令遵循與董事組成的職業道德委員會來監督法令遵循事務，但還未達到普遍化的階段。但法令遵循制度則是普遍採用，一般公司都會有基本的行爲準則（code of conduct），不同的事務部門又有其專有的準則。有些較重視法令遵循的行業或個別公司行業，其法令遵循部門的權限也會跟著加大，我們以證券業的一些例子加以說明。

例一：在承銷前後，爲了避免消息走漏造成內線交易與市場操縱的發生，以及即使無該等行爲也要避免瓜田李下遭受證管會的調查，承銷商有一些基本遵循規範。在對外宣布公開發行時，承銷商在內部會將該公司的有價證券列爲「警示股」或灰色股，標示這種有價證券的市價極有可能會因未公開的重大交易資訊而受到相當之影響。證券公司的法令遵循部門會監視其自營部門與員工的交易狀況，以偵測是否有消息走漏（而可能違反證券法）。有些證券

公司的遵循制度會在此時禁止套利交易或對其研究部門對該證券之研究資訊加以特別審查。而一旦公開發行正式揭露後，該證券會從「警示股」轉列至「限制交易股」，通常自營部門或員工的買賣該種股票必須事先得到法令遵循主管的同意（在某些狀況下，經紀部門之代客交易也會被禁止），所有相關的公司與證券研究也要得到法令遵循主管的許可，這主要是爲了避免相關市場操縱的責難[20]。美國券商部門間的利益區隔，俗稱「中國牆」（the Chinese Wall），引申自萬里長城之堅固不能穿越。

例二：一九八六年五月美林證券的法令遵循部收到一封匿名信，指稱該公司委內瑞拉首都加拉加斯的分公司有兩名經紀人與某客戶涉嫌內線交易，法令遵循部對此加以調查，開除兩人，但對客戶之情事無能力追查，故最後告知證管會執法組。結果是，證管會因此得到有利線索，查出了華爾街有史以來的最大內線交易醜聞，即李文—米爾肯—包斯基案（Levine-Milken-Boesky）[21]。

例三：爲了投資銀行（承銷）部的承銷上鉅額利潤，美國大型證券商研究部門製作不實的研究報告，將公開發行的股票包裝非常漂亮（多是資訊產業股），建議投資人買進，但內部卻認定這些股票沒有價值，而分析人員的薪資並不是靠經紀客戶，而是從投資銀行部門收入而來。二〇〇三年四月，十大華爾街券商與證管會與各州檢察部門達成最終和解，付出十四億美元。其中四億三千二百五十萬元分五年爲投資人做獨立投資研究，八千萬元設立投資人教育計畫基金，三億八千七百五十萬元補償客戶損失，四

百八十七萬五千元爲對聯邦與各州的罰款。其中，花旗集團下的所羅門美邦證券給付最多（四億美元），美林證券與瑞士信貸第一波士頓次之（各二億元），和解契約中並強制各券商建立嚴格的中國牆。其實在前一年，各券商已設計新制度與任命新的法令遵循主管來執行區分研究部門與投資銀行部門以避免利益衝突。

二〇〇二年沙班尼斯—奧司雷法乾脆在一九三四年證券交易法增加了第十五D條，要求證管會在一年內訂定行政命令，以法規範方式區隔證券分析人員與投資銀行部門之利益衝突，並要求分析人員揭露相關事項（換言之，華爾街著名的中國牆變成法律了），以恢復投資人的信心。

上述三個華爾街的例子顯示了法令遵循與內部控制的重要性，但也顯現出其缺失—即使在美國這個爲世人所稱許的法治國家中，自律經常還是擋不住金錢的誘惑，以致必須要執法者與立法者以公權力介入。但是，內部控制與法令遵循還是有其預防功能，而美國二〇〇二年的改革立法只有更加重其任務。往後美國企業的內部管理上的發展，就應該強調董事會對法令遵循的監督能力了。

台灣的法令遵循尚在摸索階段

在我國論及法令遵循制度的法規極少，財政部金融局曾於一九九九年發布的「金融機構建立遵守法令主管制度應注意事項」，就實務似乎顯示，台灣的銀行內部其實並不清楚這項制度的精神，經常是以會計稽核的方式（及人員）行之，且該注意事項本身架構也非承襲美國銀行法令遵循實務的內涵（特別是遵循主管的權限），而像是財務稽核程序的再版，以致至目前爲止，面對更多元的經營環境，成果可能有限。「上市上櫃公司治理實務守則」第二十七條第七款建議董事會下審計委員會的功能之一是「檢查公司遵守法律規範之情形」，按本款即是譯自美制，使審計委員會對法令遵循負責，但最終仍應是董事會全體成員的責任。

法律總顧問

法律總顧問（general counsel）是一個企業中提供法律諮詢的人物。美國的大型企業中通常會有法律部門，其中會有數位專職律師。但法律部門傳統上是被動的，即他是被諮詢的對象，本身並無參與決策的權力，除非公司董事會或 CEO 特別重視。而在台灣，也只有少數企業及銀行有法務室的設置，其權力更小，甚至只是契約的審查，或是催收等事務，對公司許多事務根本無從參與。這當然與法務人員的素質與表現有關，也是因爲他們缺乏管理方面的知識與訓練，使得公司也無法過於重視他們，而必須仰賴外聘律師。

但近來有一些電子產業的法務部門，有較突出與主動的表現。而美國的法律總顧問，近年來地位日趨重要，扮演起主動角色，甚至兼任（內部）董事者，理由是在於公司控制制度下所產生的法律問題，法律總顧問可以站在第一線加以處理，並利用其專業建立一套法令遵循制度[22]，以避免一旦發生危機要找外聘訴訟律師收拾殘局。因此法律總顧問可以成為內部制度的建構者之一，而因此取得管理與直接控制的權力，並對 CEO 與董事會負責，直接監督法令遵循制度的成效。而法令遵循主管更應經常性地與法律總顧問討論制度的修訂，以及實際發生問題時可能的法律結果，稽核主管也應就會計帳簿上所可能產生的法律責任與法律總顧問來溝通，並提醒與向董事會提出建議。是以就內部控制言，法律總顧問與遵守法令主管、內部稽核主管應建立強有力的合作關係。

美國法律強化管理階層的責任

面對美國企業紛紛擾擾的會計醜聞，二○○二年沙班尼斯—奧司雷法除了對第三章所提之審計委員會以及第十二章有關會計師的獨立性有相當具體的制度建設外，管理階層的責任加以強化也是立法重點。

CEO與CFO要就公司對外揭露之內容具結

一個頗受矚目的經濟新聞是美國證管會二〇〇二年六月二十七日要求上個會計年度營收在十二億美元以上公司的CEO與CFO要在下次發布定期性揭露資訊（含臨時的重大事項揭露）時一併附上其經公證的宣誓具結書（另有六九一家要在八月十四日提出），具結公開揭露之內容沒有虛僞隱匿重大事實之情事以及揭露內容已經審計委員會與具結人的審查（如無審計委員會，則爲獨立董事）。這當然使美國大企業慌了手腳，不過根據證管會發布的新聞指出，只有一家公司（因破產）沒有在期限內提交具結書，其餘多遵照或已核准展期。這裡要指出的是，證管會的這項舉動只是暫時性的，首先是平抑市場的恐慌與不信任，因爲這項宣示具結要求的法源是證管會依一九三四年證券交易法第二十一條第(b)項的調查權，是調查公司有無不法之情事，不是持續性的揭露，當然企業會擔心一旦未來發生事故，CFO與CEO們會因此「書面保證」而有相當之責任，至少在證據上很明顯。

而二〇〇二年沙班尼斯—奧司雷法則將此具結制度化（第三〇二條），以後發行人的年度與每季申報資料都要有此具結，其具結也就有了完整的法律責任。此外第三〇四條也將任何公司董事經理人或受其指示之人對會計師查核有任何不當的影響列爲非法，強化會計師的獨立性。而第三〇四條更首創對CEO與CFO的歸入權，規定一旦發行人的財報受其不當行爲而有重大不遵守證券法律之狀況，該行爲人應對公司償還其在過去十二個月內（以第一次公開發行或向證管會申報起算，兩者取其先發生者）所得到的紅利或其他以獎勵或股權性證券（如股票或股票選擇權）爲基礎的報酬，以及在過去十二個月內買賣發行人之股票所實現的利得。而本來證管會對公司的董事經理人就有向法院訴請暫停職權或撤銷職務的能力，只要法院認爲其已違反或將違反證券法令，而該董事或經理人的行爲顯示有相當不適任（substantial unfitness）的狀況，這次修法將「相當」刪除。而第四〇六條更要求公司揭露是否對高階財務主管（包括財務長、會計長等）有建立職業道德規範（code of ethics），以避免利益衝突，增進揭露內容的正確性、完整性、公平性、及時性與了解性，以及遵循法令規定。

美國證管會基於二〇〇二年沙班尼斯—奧司雷法的授權，迅速展開增修法令的行動。第一，有關 CEO 與 CFO 具結的涵蓋內容，利用行政命令加以規定。第二，對規模較大的發行人（在外流通股票價值超過七千五百萬美元），其年度與季報告均加速公告揭露（年度報告從年度終了後九十天降至七十五天，每季報告由每季結束後四十五天降至七十天，但有三年的緩衝期間逐漸降低）。第三，發行人要建立與維護整體性的資訊揭露控制與作業系統，以符合法令的揭露要求。第四，前述要求也原則上適用於（發行共同基金）投資公司[23]。

職業道德規範

台灣的上市上櫃公司治理實務守則尚未考量到公司高階經理人的利益衝突問題（特別是財務主管與外部會計師的關係），而美國證管會於二〇〇三年元月，針對沙班尼斯－奧司雷法的授權，對發行公司財務主管的職業道德規範，有了較細部的規定，可以爲我們立法的參考，其重點見下表。

1. 職業道德規範的規範客體不限於財務主管，也涵蓋執行長（證管會指出因爲他可以統御財務主管）。（本書認爲有超出法律授權的適法性爭議）
2. 如果發行人沒有訂定職業道德規範，必須揭露其理由（與母法同，規範並非強制，但理由不容易找，故等於任一發行公司都會制定）。
3. 所謂職業道德規範的定義，是指一合理設計以阻卻不當情事並促進下列事項的書面標準：
   (1) 誠實與職業道德行爲，包括職業道德上處理實際或明顯的個人與職業關係之利益衝突。
   (2) 發行人向證管會申報或送交的報告或文件，或發行人所做其他對大眾之傳達，應是完整、公平、準確、及時與可了解之揭露。
   (3) 遵守可適用之政府法規。
   (4) 若有違反本規範，應在內部迅速通報予規範中所規定之適當之人。
(5) 遵守本規範之責任。

[1] Matthew Benjamin, *Suite Deals: There Was No Bear Market Last Year in Executive Pay*, U.S. NEWS & WORLD REP., Apr. 29, 2002, at 33.

[2] 見王文靜、孫秀惠採訪，「誠信淪喪，貪婪卻在升高—張忠謀談台積電如何建立誠信文化」，商業週刊第 765 期，2002 年 7 月 22 日，頁 94。

[3] 許多公司直接以發給日的市場收盤價作爲行使價格，可是惠普聲稱其公平市場價值（fair market value）是依據有

名的諾貝爾經濟學獎得主Black與Scholes的選擇權定價模式來計算，並加入其他參考變數。

[4] 不過，根據報導指出，FASB 因爲受到政府與投資人的龐大指責，已決定將選擇權列爲費用，預計在二〇〇三年底公布草案初稿，二〇〇四年春公布最後草案。故對此公報的實質內容，還有待各種利益的妥協方能定案。*See* Dow Jones New Wire, Apr. 23, 2003.

[5] 以上對管理階層報酬的分析，最近有一篇文章分析極爲透徹，認爲傳統視報酬能透過自願性的交換與公司治理內外部機制達成最適的結果的理論有待修正，特別是美國 CEO 的權力與影響性是相當驚人的。*See* Lucian Arye Bebchuk *et al.*, *Managerial Power and Rent Extraction in the Design of Executive Compensation*, 69 U. CHI. L. REV. 751 (2002).

[6] 有關 ESOP 的一般性分析，可見 MARGARET M. BLAIR, OWNERSHIP AND CONTROL: RETHINKING CORPORATE GOVERNANCE FOR THE TWENTY-FIRST CENTURY 303-22 (1995).

[7] 本項條文在適用上，必須結合證券交易法第二十八條之一與第四十三條之六，在說明上較爲複雜，但因與本文無關，不再贅述，有興趣者請自行參閱相關條文。

[8] 見陳雅慧，「員工分紅，凝聚台灣科技的力量」，天下半月刊第 256 期，2002 年 8 月 1 日，頁 46。

[9] 曾寶璐，「把分紅列入費用，很多公司都沒賺錢」，商業週刊第 766 期，2002 年 7 月 29 日，頁 66-68。

[10] 楊瑪利、盧智芳採訪，「曹興誠：這是一個社會革命」，天下半月刊第 256 期，2002 年 8 月 1 日，頁 55。

[11] 有關公司法是否應加入人力資本的要素，以及勞工降低代理成本的分析，見 Kent Greenfield, *The Place of Workers*

in Corporate Law, 39 B.C. L. REV. 283 (1998)。事實上，二〇〇二年一月所公布的「企業併購法」(是公司法的特別法，專門規範公司的合併分割收購等事宜)，確實有關於購併時勞資間關於工作權的特別規範(第十五至十七條)，也可說是勞動基準法的特別規定。

[12] 以上主要參考 Melvin A. Eisenberg, *The Board of Directors and Internal Control*, 19 CARDOZO L. REV. 237, 240-44 (1997).

[13] 林炳滄，內部稽核理論與實務，2002 年 3 月版，頁 13。

[14] 美國近來著名的世界通訊案，該公司已依破產法聲請重整中，證管會亦因其財報不實向法院提起訴訟。根據媒體目前所公布的消息顯示，引爆點是在二〇〇二年五月公司的內部稽核副主管查出帳目編列有重大不實，向公司的會計長與財務長提出質疑，但主管們刻意拖延，而早先外部簽證會計師事務所安達信（又是它！）認為沒有問題。但可能由於各種考量，特別是證管會已經在調查，使得世界通訊在六月公布此一事實。如果該稽核副主管能及早通報審計委員會，應該對外揭露會更早。

[15] *See* Eisenberg, *supra* note 12, at 250-64.

[16] *See* Venrice R. Palmer, *Initiating A Corporate Compliance Program*, *in* CORPORATE COMPLIANCE 2000, at 67 (PLI Corp. L. & Prac. Course, Handbook Series No. B0-00L2, 2000).

[17] 對以上量刑指導原則與法令遵循制度的分析，可參見 H. Lowell Brown, *The Corporate Director's Compliance Oversight Responsibility in the Post Caremark Era*, 26 DEL. J. CORP. L. 1, 79-88 (2001)。目前台灣行政院的金融改革小組也有建議司法院制定「量刑條例」，縮減法官的量刑裁量權，見楊天佑報導，「遏止金融犯罪，政院擬提高刑度」，中國時報，2002 年 8 月 20 日，第 4 版。

[18] 698 A.2d 959 (Del. Ch. 1996).
[19] *See* Stephen Funk, Comment, *In Re Caremark International Inc. Derivative Litigation: Director Behavior, Shareholder Protection, and Corporate Legal Compliance*, 22 DEL. J. CORP. L. 311, 324-25 (1997).
[20] *See* CHARLES J. JOHNSON, JR. & JOSEPH MCLAUGHLIN, CORPORATE FINANCE AND THE SECURITIES LAW 118 (2nd ed.1997).
[21] 相關故事可見暢銷的報導文學著作，JAMES B. STEWART, DEN OF THIEVES 269-72 (1992)，該書有中文譯本，詹姆斯・B・史都華著，薛絢譯，股市大盜—華爾街史上最大內線交易密錄，1993 年 5 月初版 1 刷（Big 叢書 9，時報文化印行）。
[22] 有關法律總顧問與遵循法令制度的關係，尚屬一個新的研究領域，文獻極少（因爲缺乏此類有實務經驗的學者），目前具有相當參考價值者，首推 Richard S. Gruner, *General Counsel in An Era of Compliance Program*, 46 EMORY L.J. 1113 (1997).
[23] *See* SEC, Commission Approve Rules Implementing Provisions of Sarbanes-Oxley Act, Accelerating Periodic Filings, and Other Measures, 2002-128 (Aug. 27, 2002).

第八章　股東訴訟

「美國太空總署正在審查送上火星的專家，只有一位能去，而且將無法返回地球。
第一位應徵者是一位工程師。問他希望的報酬，一百萬元，他回答，這筆錢要捐給麻省理工學院。
第二位應徵者是個醫生，被問相同的問題，他回答要兩百萬元，其中一百萬給我的家庭，另一半捐做醫療研究之用。
第三位應徵者是個律師，同樣問到相同的問題，他在面試官耳邊低語：三百萬元。面試官問為什麼要這麼多，律師回答，我給你一百萬，我留一百萬，然後我們送那位工程師到火星。」
美國律師笑話

公司治理的內部機制往往強調自律與構成員間相互的制衡以達成降低代理成本的目的，但現實的上市公司結構中卻充滿者資訊不對稱與管理階層的強勢經濟、內部管道的阻塞與其他影響力量，使得內部機制的功能性大爲減低。最重要的是，這些機制都是事先的防範，萬一公司管理階層的行爲確實造成公司的損害，則必須透過訴訟途徑來彌補公司以及相關人的損失。刑事訴訟是政府發動公權力制裁違反公義之人姑且不論，民事訴訟則是私法上的事後補償，可以說是股東在公司治理上最後的救濟手段。當然，如果其他的內部機制運作得當，自然能減少股東訴諸訴訟所造成的龐大成本；反之，如果前面各章所談的內部機制弊端重重，則訴訟負擔增大，而透過國家所開設具獨占性的民事法庭加以裁決，是將代理成本轉嫁至全部納稅人，其實並不公平。是以立法者在衡量公司治理課題時，應先考慮此一前提要件。然後，法院訴訟的效率與公平性，又會成為受損股東的關注焦點，畢竟這是他們的最後管道。

股東訴訟的分類

學理上，我們將股東訴訟區分成直接訴訟（direct suit）與衍生訴訟（derivative suit）兩類型。直接訴訟是指公司、董監事或經理人等直接侵害股東的權益，股東因而有權告這些人。這種訴訟可能性相對比較低，因為所謂股東權益的侵害，不外乎表決權、股利分配權、公司結束清算時的剩餘財產分配請求權。這些權利除非公司是刻意侵害對某特定股東，通常只是作業上的疏漏，如忘記將股利支票寄給股東，並不需要以提起訴訟來解決，除非公司有惡意，而且以上市公司來講，小股東以持股比例而論，單獨受侵害的權利以金錢論其實額度甚小，故重要性不大。至於董事會因故不召開股東會而由股東向法院聲請召集，或是股東向法院聲請公司重整，雖然都是公司法賦予的權利，在台灣並非訴訟事件，而是由非訟事件法規範之。

衍生訴訟

衍生訴訟的產生，在於公司的董監事的行爲造成公司的損失，而股東僅是間接的損失（如分配股利的減少或因虧損無股利分配，或股票市價的下跌等），他無法直接向該行爲董監事提起訴訟（無直接的法律權利），真正受到損害者是公司整體，故應該是公司爲原告向該董事或監察人請求損害賠償。但弔詭的就在於，董監事的設計往往會「護短」，不願意代表公司來起訴該有責任的董監事（甚至害怕自己也成爲被告），這時候股東以及公司的權益就坐等被侵害，因此公司法於一九六六年的全盤修正時加入了美國公司法衍生訴訟的觀念，規定當公司董（監）事侵害公司時，股東得要求監（董）事對其提起民事訴訟，如果置之不理，得自己代表公司向該行爲董事或監察人起訴，起訴董事的股東成了訴訟上公司的法定代表人，故也有稱之爲「代表訴訟」者。

自衍生訴訟機制納入公司法後，各類法律文獻皆未提及是否有實際案例發生，也未有教科書或六法全書中附有任何實務判決或判例記錄。基此，本書特查詢司法院的最高法院最近的判決（一九九六－二〇〇二），有涉及到相關條文的判決僅有六件，且完全沒有股東以此向董監事請求損害賠償的案例，爲什麼呢？這可能是因爲台灣衍生訴訟在程序設計上相當粗糙，對小股東的保護並不充分而且成本很高。學者間早有批評[1]。

衍生訴訟在設計上極端不利起訴股東

首先依據公司法第二一四條，必須是繼續一年以上持有已發行股份總數三％以上股東，以書面請求監察人爲公司對董事提起訴訟，若在三十日內不提起，股東得爲公司自行提起（如果是告監察人，則是向董事會請求，見公司法第二二七條）。此處最大的問題並非兩段式的請求或繼續之持股[2]，而係三％股東的要求。須知即使在台灣的證券市場，三％的股東已經是「大股東」了，一般的投資人何能持有如此大量的股票？即使此比率是許多小股東湊及而成，因爲如何讓小股東同心協力提起衍生訴訟有實際的困難。中華民國證券暨期貨市場發展基金會（公益的財團法人，持有每一上市櫃公司股票至少一張以上），也經常遭遇未達法定下限而無法施展其投資人保護的職責。因而三％的要求反而是保障管理階層（二〇〇一年公司法修正前是五％，則難度更高），除非有另一派的股東集團與在朝者不合方有可能。

第二，原告在起訴時應依民事訴訟法繳交裁判費，訴訟標的金額越大，裁判費比例就越高[3]。當股東認定董監事侵害公司的損害大時（譬如公司向董事長買某未上市公司的股票達數億元，其真實價值爲系爭焦點），讓小股東先提交訴訟費用又是一筆相當的負擔。

第三，依公司法第二一四條第二項，在訴訟進行時，法院得依被告之聲請，命起訴之股東提供相當擔保（以保證金爲常見，但不動產亦無不可）。故在訴訟技巧上，被告董監事必然會向法院請求命令股東提出擔保，由於擔保的計算必然爲訴訟標的價值的一定比率（依實務，約爲二分之一至三分之一），又造成原告股東的又一財務壓力[4]。

第四，如果原告股東敗訴，致公司有損害時，對公司也要負賠償責任。故依法理解釋除非原告勝訴可向被告董事請求訴訟費用（解釋公司法第二一五條第二項），敗訴時只能自行負擔。又，原告股東還要承擔衍生的風險：如果起訴所依據的事實「顯屬虛構」，在終局判決確定時，原告股東對被告董監事因訴訟所受之損害，負賠償責任（同項文字）。因而原告股東很可能吃上如毀謗的額外官司，若前述構成要件能符合。

美國實證研究顯示衍生訴訟功用有限

股東衍生訴訟既然是襲自美國法，美國法的實際運作就有極大的參考價值。耶魯法學院的 Romano 教授曾經以從一九六〇年代底至一九八七年隨機選取現在紐約證交所及 NASDAQ 的全國性交易系統交易及現已下市的五二五家公司的全部衍生訴訟進行統計與分析[5]，其結果令人失望。她的結論是：(1)大企業發生衍生訴訟的頻率甚少，即使發生，多以和解收場；(2)特定阻嚇效果的證據不足，唯一的證據是相對於沒有碰到訴訟的公司，受訴公司的最高管理階層在訴訟前或訴訟中變動率比較高，但從未有任何經理人受到金錢上的處罰，因爲都有董事經理人責任保險（D&O liability insurance），公司也沒有調整（減）其報酬；(3)從特定嚇阻效果不足的證據集合來看，衍生訴訟作爲一般性嚇阻工具亦薄弱；(4)作爲監督董事會的機制，衍生訴訟的證據亦貧乏，但對外部（在野）的股東集團可能有用；另外內部人的持股（較多）似乎可減少過失訴訟，但與利益衝突、自利交易（self-dealing transactions）、證券法之訴訟並無影響；(5)儘管如此，在規範面（normative）上，她還是認爲法律是公共財（public goods），在訴訟少時不足以建立清楚的行爲規範使公司構成員了解並遵守[6]。

訴訟的效率

由此看來，是不是台灣就應該維持原制度，而不放寬衍生訴訟的條件呢？這當然要由立法者來解決。但讀者或許會問，那麼美國的股東就真的讓公司負責人予取予求嗎？法律真的無法保護投資人嗎？事實上，就上市公司管理階層所產生的弊端，各國都是利用證券法來阻卻管理階層的不當情事，如揭露資訊不實、內線交易或其他涉及有價證券詐欺的行爲，除有刑事的處罰外，也有對相對人（投資人）的民事賠償責任。這些都是投資人（範圍遠比股東來得大）直接受損害而可提起民事訴訟的直接權利，其限制遠比衍生訴訟來的小，也是目前證券市場投資人的最後補償手段，在這裡有一些事項應加以說明。

證券投資人及期貨交易人保護法的訴訟優遇

二〇〇二年七月「證券投資人及期貨交易人保護法」公布，依該法主管機關應指定證券業與期貨業集資成立投資人保護機構。二〇〇三年元月，「證券投資人與期貨交易人保護中心」已正式成立並開始運作，因此證券與期貨之民事訴訟，受損害的投資人可向該機構請求協助，只要有二十個以上的投資人，保護機構就可以自己之名義代表這些投資者向被告（可以是上市公司，也可以是證券、期貨公司或其他相關事業與機構）提起民事訴訟（或提請仲裁）（該法第二十八條），在國外此稱為集體訴訟（class action）。

該法對裁判費用有特別的優惠（標的金額超過一億元以上部分免納），如此投資人可免去相當的財力負擔，又不必聘請律師支付律師費，對投資人確實有相當的保障，但從法文顯示，該保護法似乎僅適用證券交易法與期貨交易法所產生之民事糾紛，對投資人有關證券法上的典型的內線交易與證券詐欺訴訟自有所保障外，可是似乎不涵蓋對公司法上的衍生訴訟，且對投資人對主管機關如提起行政訴訟與救濟亦不在保護範圍內，實屬可惜。

我們也期待將來的保護機構必須維持公正超然與獨立之立場，否則如果投資人要告的是黨政關係良好的企業，或是交易所等半官方機構，而保護機構拒絕或有不公，則會喪失了立法美意。

董事經理人責任險

另外值得深思的是，當台灣上市公司的管理階層逐漸暴露在訴訟上時，他們爲了自己的風險考量，也開始學習美國的管理階層來購買責任保險，而事實上台灣已經有產險公司開辦此類保險單銷售，只是台灣董監事責任在法律追訴的效率低落，銷售情形並不理想。不過自證券投資人與期貨交易人保護法的通過以及投資人保護中心的運作，上市公司董監事與高階經理人確實會考慮賠償責任的風險，保險公司也想開拓此一市場。不過，也有保險公司也開始憂慮未來的風險性。保險費由公司承受，其實最終轉嫁至股東身上，事故發生後保險費自然會大幅調高，理論上保險公司應監控被保險人的行爲風險（也可成爲公司治理的機制），但現實如何則大有疑問。

而在美國，雖然董事經理人責任保險從一九八〇年代開始流行，但鑑於被保險人行爲的複雜性，一直都無統一的保險單出現（勢必量身定做），對何種事故在保險範圍內或被排除或是否有違公序良俗，法院的立場也很分歧，或者訴訟費用的分攤與和解的參與等，對保險公司來言都屬難事[7]。近來，由於美國企業弊案頻傳，保費上漲也是自然的事。新聞便指出奇異公司(GE)二〇〇三年的 D&O 責任保費支出是兩千兩百一十萬美元，是上一個年度五百八十萬元的四倍左右；而全錄公司因爲受到證管會的調查，也比上一年度高出十倍[8]。

其他訴訟效率的議題

由於證券市場的犯罪行為屬於白領犯罪，在取證上有其本質的困難（尤其是主觀的詐欺故意），如果純以民事訴訟，不論是投資人或保護機構都有舉證困難之處，故在訴訟技巧上可能還是要採取刑事訴訟附帶民事訴訟，讓檢調單位運用公權力去調查證據較為方便有效率，但以現在許多證期會移送的案件，許多都是法院以無罪告終，這裡理由可能很多，就法院的立場，必須證據確鑿才能定罪，但檢察官往往案件繁多，無暇調查，且證券案件多涉及財務或業務上的特殊技術，非其法律訓練所能掌握的；或調查單位忙於容易偵辦得到代價的刑事案件（如殺人放火走私），或是忙於國情調查，對於此類費時費工的白領犯罪，就顯得意興闌珊，是以法院本諸證據辦案，如果證據不足，也只能宣判無罪。所以談公司治理，到最後還是會回歸到執法的有效性。

最後，台灣律師所受的養成訓練在證券訴訟上可能還不夠（案子不多，考試不考，學校不重視），加以我們民事的律師費用不採取美國所允許的成功報酬法（contingent fees）（指律師事先與敗訴都不收任何費用，只有在官司打贏之後從賠償中抽成），認為有損律師的正義形象，但美國律師所塑造出的法律文化我們都看得到。職是之故，股東訴訟能否在台灣成為有效的公司治理機制，還需要長時間觀察。

[1] 如黃銘傑，「公司監控與監察人制度改革論」，頁 26，第二屆產業經濟研討會—公司控制論文集，國立中央大學產業經濟研究所，1999 年 6 月 25 日。

[2] 按此是美國各州公司法廣泛接受的要件。 *See, e.g.*, REVISED MODEL BUSINESS CORPORATION ACT §§7.41-7.42 (Aspen 1999).

[3] 依據民事訴訟法第七十七條之十三，訴訟費用採取分級收費制:「因財產權而起訴，其訴訟標的金額在新臺幣十萬元以下部分，徵收一千元；逾十萬元至一百萬元部分，每萬元徵收一百元；逾一百萬元至一千萬元部分，每萬元徵收九十元；逾一千萬元至一億元部分，每萬元徵收八十元；逾一億元至十億元部分，每萬元徵收七十元；逾十億元部分，每萬元徵收六十元；其畸零之數不滿萬元者，以萬元計算。」今假設某公司董事長涉嫌淘空公司資產兩億，股東提起衍生訴訟告董事長，所應繳的裁判費的計算應是 1000+100x(100-10)+90x(1000-100)+80x(10000-1000)+70x(20000-10000)=1,511,000(元)，故相當於訴訟標的的 7.555%。

---

[4] 這是參考美國公司法例，俗稱爲 security-for-expenses statutes，多數州包括德拉瓦州都不採用，美國模範公司法在一九八二年也廢除此規定，目前僅少數州採用，*see, e.g.*, N.Y. BUS. CORP. LAW §627 (Aspen 1999)。但紐約州法明白表示該擔保是爲了被告因該衍生訴訟所支出的相關費用（含律師費以及公司可能對其要負責之支出），故與訴訟標的無關。且起訴股東如果持股超過五%或股票之公平價值超過五萬元者，被告就不能主張之。我公司法第二一四條第二項在參考美國法時，未予深究，造成股東的擔保負擔也可能增加。有關此種美國衍生訴訟擔保規定的基本介紹，可見 FRANKLIN A. GEVURTZ, CORPORATION LAW 421-23 (2000)。

[5] Roberta Romano, *The Shareholder Suit: Litigation without Foundation?* 7 J. L. ECON. & ORG. 55 (1992)

[6] 前述對衍生訴訟的法律條文分析及美國實證研究之說明，主要引自本書作者以前發表的一篇論文，「公司控制之失靈與法制改革」，頁 16-18，第二屆產業經濟研討會—公司控制論文集，國立中央大學產業經濟研究所，1999 年 6 月 25 日。

[7] *See* Joseph P. Monteleone & Nicholas F. Conca, *Directors amd Officers Indemnification and Liability Insurance: An Overview of Legal and Practical Issues*, 51 BUS. LAW. 573 (1996).

[8] *GE Sees Directors' Liability Insurance Quadruple*, FIN. TIMES, March 12, 2003.

第九章　資訊的公開揭露

「太陽是最佳的防腐劑，電燈是最有效的警察」
美國聯邦最高法院法官 Louis D. Brandeis (1856-1941)

從這一章開始，我們討論公司治理的外部機制，也就是市場機能會對公司治理產生多大的影響。在通常狀況下，外部機制的重要性可能遠甚於內部機制，爲什麼？因爲股票在市場上交易，有了市場評價的證券價格。如果股價低落，會造成公司經營者的危機，因爲他在資本市場上募資就比其他公司辛苦。但爲什麼公司股價會有波動，投資學告訴我們，技術面與基本面是我們買賣股票的基本指標。基本面的研究是因爲股價變化無法預測，所以要瞭解所有相關的資訊以確保市場的效率。而這些相關的資訊，就必須要靠發行公司自己來告訴投資人。

公開揭露的理論基礎

強制性公開揭露的經濟學分析

芝加哥學派以伊斯特布魯克與費雪爲代表人物，嘗試在理論上提出公司自願性揭露（大陸稱爲信息披露）的可能性，此理論的本質在於市場競爭，公司為了與其他企業競爭吸取投資人的資金，勢必會揭露相當的資訊，這是從一個買方市場的觀點的立論，此外，他們也認為有內線消息的交易者的行為可以作為市場參與者對公司評價的指標，證券交易所為了獲利（從越多的交易而來）也會設計出妥當的規章規範上市公司之揭露吸引投資人（而投資人如果上當就不會再到這家證交所交易了），而美國各州的公司法會相互競爭，使得公司為了吸引投資人會到最有利的州註冊[1]。當然，兩人的看法是純理論上的分析，全世界的證券市場都是採用強制性的公開揭露，差別只在於量與質的不同。

一般而言，我們還是承認上市公司強制揭露的重要性，美國證券法權威考菲教授（John C. Coffee, Jr.）提出四大理由擲地有聲地彰顯證券市場上強制性資訊揭露的重要性[2]：

第一，上市公司的資訊具有許多公共財之特徵，而證券之分析研究常常資訊不足—發行公司所提供的資訊無法妥適地被認證，以致還要花費沒有效率的功夫去發行人以外的管道尋找資訊。而強制性的揭露制度可以視為是社會整體減少成本的方法，也就是補貼研究成本而又保障了資訊的較大的量與質並能檢測其準確性，故可說是改善了資本市場的分配效率，也意味著一個更有生產效能的經濟。

第二，如果沒有強制性揭露，理論上意味者更大的無效率，理由是投資人在交易上會招致過度的社會成本。將資訊集體化會減少投資人在追求交易利得時經濟資源錯置所產生的社會浪費（social waste）。

第三，伊斯特布魯克與費雪等主張自我誘發式的資訊揭露理論，適用性相當有限。此理論忽視了公司控制權交易的重要性與過度假設經營者與股東的利益是可以完美分配的。經營者確實會有興趣從股東處以折扣價格（而非股東的最大利益）買下其股份，只要他有機會利用內線交易或槓桿買下（leveraged buyout，指管理階層利用對外融資的方法買下所有股權成為閉鎖型公司）。這類情形的誘因似乎還算強烈，則管理階層對外（自願性）放出錯誤的訊息的情形是會增加的。

第四，即使在一個具有效率的市場環境，理性投資人還是需要強制性系統提供他資訊用來最適化他的投資組合（如財務學上常用的 α、β 值）。

公開揭露與公司治理的關連性

當我們承認強制性公開揭露的重要性，接下來的問題就是，公開揭露對公司治理的關連性。這裡存在一個先驗命題就是，投資人必須認為公司治理會影響公司的績效，而後者終會影響股價，這樣公司治理相關資訊的揭露才有實益。當然本書第三章曾舉出美國的實證研究說明獨立董事與公司的績效似乎關連性不大，但董事會的構成僅是公司治理的眾多機制之一而已，且目前社會科學利用統計方法來做實證研究有其方法上的局限性—無法納入所有的變數。但從市場上的經驗面分析，在美國的參與者確實會關心公司治理。因此有學者指出，資訊揭露可以建立公司治理的規範（norms），一方面讓公司與其內部人知道遵守，建立起公司的行為模式，而這種行為模式可以建立公司的基本道德（這裡的道德有中性的意義，是指從社會整體的經濟效率面來看，故可以等於效率），但同時也要訓練與教育投資人，讓他們從揭露的訊息中了解公司，知道自己對公司的權利以及公司應該遵守的規範，參與對公司的監督[3]。

但由於強制性揭露的種類、內容與方法都是由主管機關所規定，因此會產生是否主管機關的認定就代表市場的需求，或者有助於公司治理的遂行。而揭露的另一個重點在於精確性，這是強制性揭露優於自願性揭露的一個基本假設。通常，在強制性揭露的設計上會利用法律責任與公正第三人來強化其精確性。法律責任，是指若揭露訊息有虛偽不實，揭露作業的參與者有民刑事與行政罰責任；公正第三人，是指對於揭露內容要有第三人如簽證會計師來背書保證，畢竟政府沒有這樣的能力來監督公司的行為。而這些程序與實質的要求，就成為強制性公開揭露可能產生的弊端原由。而唯有精確與正確的資訊揭露，才能反映在證券價格上，使得經營者省思與改善其經營績效，而達成公司治理的目的。

財務預測

財務預測是目前台灣最具爭議性的上市公司之揭露內容，之所以最具爭議，是因爲這項制度缺乏學理的支持，造成市場上股價的不合理波動，給予內線交易強大的誘因，以及反公司治理的最壞效果。

財務預測的內容是指上市公司在會計年度中預測並公布其該年度中的財務資訊，在台灣有關財務預測的基本規範是證期會所訂定的「公開發行公司財務預測資訊處理準則」(以下簡稱財測準則)，計二十二條，原先稱爲公開發行公司財務預測公開體系實施要點（簡稱財測要點或前財測要點，因有了法源而改名)，其中問題重重，我們逐一加以所說明。

外表上看似乎不是每家上市（含上櫃）公司都強制要揭露財務預測，但因財測準則近來的修正，使得事實上所有的公司都會申報，即使不是每一年。據作者參考證交所與證期會資料統計，在台灣證券交易所上市之公司二〇〇一年度共有四六四家編列財務預測（含更新、更正或重編二〇〇〇年度但二〇〇一年度未編者)（至二〇〇一年十二月底上市公司總家數爲五八四家)，二〇〇二年度有三五二家編列同年度的財務預測（不含更新二〇〇一年度之公司）（至二〇〇二年十二月底上市公司總家數爲六三八家公司）。

所有上市上櫃公司都要公開財務預測

爲什麼會有這麼多公司編制財務預測，是因爲財測要點的打擊面很廣。依據財測準則第五、六條，包括：(1)公司對外公開增資發行新股、轉換公司債、附認股權公司債或其他有價證券者，當年度與次年度要公開財測；(2)董事任期屆滿改選或同一任期內董事變動累計達三分之一，當年度與次年度要公開財測（按：此項有關董事改選的部份是二〇〇二年四月所加入，由於公司董事依公司法第一九五條第一項前段任期至多三年，這意味者每一家公司在每三年中最多只有一年是免於做財測的，還要其他的條件都不會吻合才行）；(3)有公司法第一八五條第一項各款之情事（指公司重大行爲，如承受他人全部資產或營業），當年度與次年度要公開財測；(4)與他公司合併，當年度與次年度要公開財測，但排除公司法第三一六條之二與企業併購法第十八條第六項、第十九條之合併（屬於簡易合併）；(5)未上市上櫃公司公開發行有價證券時應公開財測；(6)申請上市上櫃之公開發行公司在申請階段應公開，在上市上櫃後的次一年度起算連續三年公開；(7)自願公開；(8)公司在大眾媒體、網路、記者會、業績發表會、公眾場合公開營業收入或獲利之預測性資訊者，視為自願公開，而強制公開財測（按：這也是二〇〇二年四月修正加入的，因此若張忠謀還是曹興誠這些大老闆們對記者講了幾句對公司未來的展望就算是，要回去趕快編財測，更不要提法人說明會了，相對於政治人物上至總統都有權隨口說說也不要公開揭露什麼，我們的企業責任「看起來」真是很重）。

所以從證期會日來的態度，似乎非常「肯定」此一台灣人獨創的優良制度[4]，而忘記了市場上因此遭受的重大效率問題。而在形式面上，在二〇〇二年六月之前，（前）財測要點很可能是違法的，為什麼？因為依證券交易法第三十六條公司申報的財務報告，只有年度財務報告、半年度財務報告與每季財務報告三種，則要求財務預測顯然違法（前財測要點是依據「證券發行人財務報告編製準則」所訂定的）。而證交法修正後增訂第三十六條之一，規定：「公開發行公司取得或處分資產、從事衍生性金融商品交易、資金貸與他人、為他人背書保證或提供擔保及**揭露財務預測資訊**等重大財務行為，其適用範圍、作業程序、應公告、申報及其他應遵行事項之處理準則，由主管機關定之。」所以立法院已幫主管機關解套財測程序違法的問題。但財測準則的問題其實是可能的實質違法，與行政法上的比例原則與誠信原則有歧異[5]。而所謂實質面，見下面的分析。

財務預測與會計原理法律原則未必一致

首先，依財測準則，財測的編製依據是「財團法人中華民國會計研究發展基金會」所發布之財務會計準則公報第十六號「財務預測編製要點」（以下簡稱財測公報）辦理。在形式面上，財測與一般財報極為類似，有預計資產負債表、預計損益表、預計股東權益變動表、預計現金流量表（格式都一樣，差別在於加入預計二字，以及有與前期之比較），外加財務預測重要會計政策及基本假設彙總。這號公報是連美國會計業如此積極的國家都不敢做的，理由是會計學這門學術領域本就內含了對事業的歷史性（過去的）資料的整理，所以財報的時間點永遠是過去式。

但因為企業的活動經常是持續一段時間，所以會計法則上也要將這些活動盡可能歸納在某一時間點上，譬如應收帳款在法律上可指為契約的給付義務尚未完畢，但會計學上勢必要將這種債權納入某時間點所產生的資產。而譬如購買機器的成本可於多少年內分攤之，這種折舊的方法是彰顯機器實質的經濟效能，或許折舊在未來發生，要後來年度的財報才會提列，但基本的購買事實已經發生，成為歷史事件。又如所謂的「或有事項」（contingencies），可以說是民法上的停止條件與解除條件，譬如公司被人告損害賠償，訴訟尚未確定，因此不知道公司最後會不會賠償此一金額，因此會計學上對可能性之大小，會評估是否入帳、以附註揭露表示或完全不揭露。但就法律與現實來看，訴訟行為已經發生（歷史事件），只是不曉得它的經濟上影響，所以會計上還是就現在已發生的事實加以評估。

誠然，從事財務預測時公司確有許多經濟活動在進行中，可以利用會計方法加以說明，但也有許多的事項是根本沒有發生。譬如公司預計今年會有多少訂單，在法律上來看，契約都還沒有影子，如何能在會計上篤定？又公司說今年美國景氣會轉好，所以如何如何云云，可是會計學上從來不會也不敢教我們景氣如何認列。而財測準則與財測公報都告訴我們公司財測要有重要基本假設彙總，公司不是不可以做預測（就像是個人也可預測未來一年的愛情展望或是國家預測其經濟發展，但那不是法律所強制的，所用的學理與方法也有相當分歧，從行政院經建會、中央研究院經濟學研究所、台灣經濟研究院、中華經濟研究院所做出的經濟成長率都不同就可得知），但如果將預測量化在會計學所使用的財務報表，會危及會計學的整個學術領域。因為財報是將公司的行為以數字表達，而我們認為這是歷史上正確的（當然我們容許有誤差），但財測的數字形成是未來的，追究其根本竟然是「假設」，所以不可能是正確的（正確的機率比中頭彩還難），絕對與年度結束後所發布的財報完全不一致（因為後者是根據歷史的實際資料做成，我們在法律上與會計上認為這是真實的歷史），但財測準則告訴我們只要誤差值在「合理範圍」內，就不必重編或更新財務預測，這對證券法上強調資訊內容之重大性無疑是一項諷刺。

美國對未來性事項的揭露規範

其次，由於投資人對歷史性資料總是不滿足，總希望從市場資訊中看出企業未來的展望，進而買賣股票。美國證管會早期一直對公司公布未來預測性的資訊，稱之爲「未來性陳述」（forward looking statements）或「軟性資訊」（soft information）持反對的看法，但後來逐漸接納市場的意見，允許發行公司自願提出，但要符合證管會行政命令的規範，稱之爲管理階層對財務狀況與營業結果之討論與分析（management's discussion and analysis of financial condition and results of operations），簡稱爲MD&A，MD&A 包含公司自己分析過去、現在與未來的展望，不全是預測，而是一種綜合性分析。此外公司也有時會對外發布未來第幾季營運會轉好或一些概略性數據，但絕對沒有如台灣有預測性的財報格式（美國會計界還未如此先進，也沒有類似的整體預測性的財會公報）。但早期公司也不太願意提出未來性陳述，因爲如果事後不符，投資人會利用證券交易法的各種反詐欺條款請求損害賠償，而在美國有效率的專業律師幫襯下，上市公司的確不勝其擾，也有相當的損失。因此美國在一九九五年修法時（向來對大企業友好的共和黨掌握參眾兩院），放寬了公司發布未來性陳述的規範，即使事後預測不符也沒有責任，只要預測當時爲合理且善意並提出警示性用語，並加強原告的舉證責任（要證明公司發布實是惡意的一即知悉是不實或誤導的）[6]。

從最近美國市場實務來看，公司對外提出未來的展望確實很普遍了，但最值得一提的是，以電子業爲主的公司，在此等法規管制放寬下，開始流行所謂暫編財報（pro forma financial statements），這與會計上的期中報告（interim financial statements）格式不同，證管會在其規則S-X 中（美國證管會的會計師簽證與財報的編製準則）規定，如果公司有合併、分割或營業資產重大讓受，或公司認爲重大之事項，得使用暫編財報揭露之（但不影響公司本應依法所提之年、季報），但此等暫編財報不必對證管會申報，也不必會計師簽證或核閱，故屬公司自由而非法定發布之訊息，因而應用愈廣。這種財報的編製經常含有未來之預測與假設，及公布之盈餘通常未排除利息、賦稅、折舊、攤銷，而與美國一般公認會計原則不符，因此證管會特別希望投資人注意，並提醒公司如果該等暫編財報有虛僞不實之處，一樣還是會有證券法的責任[7]。而美國財務學者對於暫編財報對股市的影響性，尙莫衷一是[8]。

而二〇〇二年沙班尼斯—奧司雷法第四〇一條第(b)項特別責令證管會在立法後一百八十日內訂定行政命令規定發行人所發布的暫編財報不得對重大事實有虛僞隱匿之情事，且必須與一般公認會計原則相符。

在二〇〇二年沙班尼斯—奧司雷法公布施行前，美國證管會曾於同年五月十日發布修改 MD&A 的修法草案、說明與諮詢文件[9]，由於新法已施行，我們不曉得這個法規是否會順利在短期內實施，不過其內容也是充滿了妥協。首先，由於公司在其定期揭露的文件中證管會有MD&A 的要求，許多公司會加入估計（如營收），但都是用較含混的言辭說明，若有數字也很簡略（絕對不是像台灣用財報的模式），除非它是用暫編財報。證管會則要求如果公司的會計估計（accounting estimate）中的假設在製作時是「相當不確定」的，而且可能可以有不同的估計或估計有相當可能會改變而對公司所提之財務狀況有重大之影響者，該發行人就應該遵照新規定之「關鍵性會計政策的應用」來揭露重要會計內容。儘管如此，在證管會的規劃中，也沒有如台灣的報表化的預測，雖然也有量化的規定，但強調其普遍之可讀性（用白話的文字敘述，即使有數字，也是很容易明瞭的，如本季營收若干元），而非只有財會專業人士能解讀，文字上呈現管理階層的討論分析，包括高階經理人與審計委員會的討論；而證管會對查核會計師在此扮演的角色也很猶豫，不知是否要課予其核閱或簽證之責任，其報告是否要併同公司之文件一併揭露。

本書則以爲，美國證管會的立法草案爭議性太大，一是新法已有特別的會計師管理及揭露規範，二是對發行人責任還無法釐清，三是會計師對此的審計準則尚不夠明確，則又有法律責任的問題，可能無法在短時間落實。

財務預測事後的修正造成市場的困擾

財測準則規定，公司編製的財測所依據的關鍵因素或基本假設發生變動，致稅前盈餘金額變動達二○％且影響金額達新台幣三千萬元及實收資本額○．五％者，要更新財務預測；公司發現財測有錯誤，可能誤導使用者之判斷時，應更正財務預測；已編財測公司公告財測與編製日期超過一個月，或公司更換簽證會計師，或發生本節前面所稱公司應編財測事由時（指又有新的財測編製理由發生），應重編財測，但基本假設沒有重大變動，公司管理階層提出聲明書且會計師表示意見後得免重編。

二○○一年與二○○二年台灣上市公司更新與更正財測相當頻繁，以二○○二年度爲例，三五二家公布財測的上市公司就有一六九家至少有一次的更新、更正或重編。其中引人注目的有京元電子二○○一年度的三次更新（連原編共計四次），證基會曾打算提起民事賠償訴訟，不過由於顧慮甚多尙未提起（對外表示是蒐證上困難，但實質是此舉會撼動主管機關建立財測制度的正當性）。二○○二年較著名的有中視的兩次重編、華映的兩次重編、茂矽的兩次更正、鴻運電子的兩次重編等，京元電子亦更新一次。即使當初公司編製財測是出自善意與誠信，編了四次後恐怕還是看傳統的報表算了。

台灣公開揭露的內容的時效性算是相當不錯，包括每年、半年、季的財務報告，每月的開立發票總金額、營收、背書保證金額等，甚至有重大事故之發生，要在兩日內公告，這還僅是證券交易法與施行細則的基本規定（證交法與相關行政命令尚有其他要求），證券交易所與櫃買中心對於公司公告即時資訊的種類更是眾多（原則上在事實發生日之次日，但召開法人說明會則是同一日），投資人其實大可從這些資料上研究出其未來的端倪（且不限於財務），則財務預測的重要性已大幅減低。在美國，這是證券分析師的重責大任，當然未必每一位分析師的看法會完全一致，那麼我們又何必只相信公司自己的解讀。

不肖公司濫用財務預測會造成市場公平性的重大危害

財測最有問題的是，如果公司惡意編製灌水的財測，甚至即使是善意，但使內部人有可乘之機利用內線消息獲利，會大大減損證券市場的公平性，也是公司內部控制的重大危害。對此，主管機關的立場是要求簽證會計師核閱，關於這點下一段會說明。但會計師依據財團法人會計研究發展基金會所發布的審計準則公報第十九號「財務預測核閱要點」（又是一個台灣的新發明）來核閱，又犯了前述第二點學理上的問題，而目前我國董監事的監督功能又極其有限，股東會更是毫無能力監督。且惡意極難舉證，因為這裡有高度的技術性，以及編製上的彈性空間，使得檢察官或受損害的民事原告投資人很難找到主觀方面的證據（除非有關鍵的員工出面作證並舉以物證）。

調高或調低財務預測在可責性上應完全相同

有趣的是，主管機關目前似乎比較在意的更新財測是指公司調低者，而不是調高財測者。但就公司的法律責任來看，其實兩者應等量齊觀，否則對市場上作空者（或在期貨市場買空者）並不公平，有選擇性執法之嫌。善意的財測估計過高嗣後調降者，表示公司太過樂觀，估計過低嗣後調高者，表示公司過分保守，兩者在法律責任上無分軒輊，否則政府就是間接在干預市場機能。

會計師在財務預測上責任重大又有矛盾

最後一點，會計師在這裡的負擔過重，但又沒有法律責任。簽證會計師是公司治理中一個很重要平衡市場與內部機制的角色，我們會在第十二章專章說明。這裡要說的是，由於財務預測本質上的問題，要會計師介入已屬矛盾，所以要求其核閱未免過於強求，在監督品質上有其極限，否則公司爲何會一而再更新呢？

而所謂「核閱」(review),在審計學理上是與「簽證」(attestation)不同的,其處理程序較簡單,審計義務較低,是以消極(被動)文字表達溫和(中度)的確信(moderate assurance)[10],是以在核閱報告上會計師會聲明「預測不具確定性,其實際結果未必與預測相符」的字眼(另外,證券交易法要求公司的季報表亦僅需核閱,其核閱報告上會依據審計公報註明「本會計師僅實施分析、比較與查詢,並未依照一般公認審計原則查核,故無法對上開財務報表之整體是否允當表達表示意見」,亦同此理)。

而證券交易法對會計師的簽證有錯誤或疏漏(過失責任),可以行使行政處分,嚴重可以撤銷會計師的簽證權(證交法第三十七條);如果有故意查核不實之行爲,則有民事賠償與刑事責任(如證交法第一七四條,五年以下有期徒刑、拘役或科或併科新台幣二百四十萬元以下罰金)。這些是指簽證的瑕疵,並非「核閱」的瑕疵。如果核閱有故意或過失的瑕疵,除非該被核閱文件如財測是放在公開說明書中(公司從事證券的公開發行),若只是定期性的申報而已,會計師很可能沒有民刑事責任(法律文字的狹義解釋,但爲少數意見);如果會計師符合一般公認審計原則核閱,但沒有發現公司動手腳,則即使他在公開說明書上簽名,他也沒有民刑事責任;而核閱即使有過失,主管機關也不能撤銷其簽證權。

爲什麼本書如此主張,這是因爲法院對責任的用語必須嚴格界定,而證券交易法上將查核(audit)、簽證與核閱分別規定而有不同之意義。查核就是審計、稽核,三者的英文原意是相同的（大陸的立法則一致皆用審計），我們看國外公司的財報上偶爾會出現 unaudited 的字眼，就是指其未經會計師的查核（包括簽證或核閱），在審計學上，簽證與核閱是兩種審計（查核）作業，但證券交易法的立法者當初未深究，法律學者與會計學者從未合作釐清此一問題，以致到現在會計師經常對自己的法律責任都弄不清楚（其實應該參考美國，法律上只要寫查核，至於是否要簽證或核閱，留由行政命令或一般審計原則來決定）。

但會計師通常會覺得核閱的責任會比較輕，觀乎前述的確是事實。這一來就產生財務預測的監督效率問題：既然證期會如此強調財測，而會計師的查帳負擔已經很重了（如果他的團隊認真的話），又要其負責，而又沒有法律責任，再加上財測本質上的問題，如何能使會計師幫投資人做好監督公司的角色呢？唯一可對會計師核閱財測不實（故意行爲）加以民刑事責任的，可能是適用證券交易法第二十條第二、三項，不過這有爭議，見第十二章的分析。

從另一個角度看，財測其實是一種市場需求所產生的，或多或少代表投資人的一種急功近利心態，如果政府刻意主導（如台灣），可能更造成發行公司的違法誘因與市場的短視。美國近十年來證管會對MD&A的立場，也是受到國會立法以及市場的壓力而逐步放寬，而我們也看到美國股市的問題所在。

公開揭露的品質與公司治理

事實：

依據證券交易法第三十六條第一項，公開發行公司應在每年四月底之前申報公告上一個年度經董事會通過、監查人承認與會計師查核簽證的年度財務報告（俗稱年報）。上市公司茂矽電子，未能於二○○三年四月底前繳交前一年的年報，於五月初被台灣證券交易所暫停交易。該公司於四月中更換簽證會計師，但未依證券交易法第三十六條第二項第二款與證券交易法施行細則第七條第七款於二日內公告（事實上，一直都未說明，直到五月二日才在公告中間接提及此事，也未說明新會計師是何事務所），而該公司有國內公司債於四月底到期，公告揭露正與主要債權人洽談展期還款事宜。

問題思考：

如果你是主管機關，你對公司在公開揭露上的瑕疵，應採取何種行動？如果你是投資人，面對公司在年報公開前半個月左右公司更換會計師會有何感想？

由於網際網路的興盛，企業依法對外揭露的管道也更容易，投資人取得資訊也更便捷，這是十年前所無法想像的。二○○二年八月，所有上市、上櫃以及未上市上櫃公開發行公司的資訊，投資人都可透過單一網路管道—台灣證券交易所的「公開資訊觀測站」（原先稱為股市觀測站）來查詢。當然在技術上未必盡如人意，但就減輕市場的資訊成本來看，已屬相當之成績。

標準普爾公司的公司治理評等

有趣的是，世界第一大信用評等機構—標準普爾公司（Standard & Poor's）對公司治理似乎頗為重視，在二〇〇一年做了兩個有關亞太地區公司透明度與揭露的調查，分別是 S&P/IFC Emerging Asia 與 S&P Asia Pacific 100，前者是亞洲新興市場的代表性公司，後者是其亞太一百指數成份股（兩者有許多公司重複，但都不包括日本），該調查將公司治理的評分以是非題分為三大類（見下圖表一至三），各大類滿分是十分（至於題目的權值標準普爾並沒有公布，避免作弊）。

【表一：S&P 28 個有關所有權結構與投資者關係的問題】

公司在其年度資訊中有無揭露：

1. 已發行與流通之普通股股數的揭露？
2. 已發行與流通之其他股份數的揭露（優先股、無表決權股）？
3. 普通股之票面金額的揭露？
4. 其他股份之票面金額的揭露（優先股、無表決權股）？
5. 已授權但未發行與流通之普通股股數的揭露？
6. 已授權但未發行與流通之其他股份數的揭露（優先股、無表決權股）？
7. 已授權但未發行與流通之普通股票面金額的揭露？
8. 已授權但未發行與流通之其他股份票面金額的揭露（優先股、無表決權股）？
9. 第一大股東？
10. 前三大股東？
11. 前五大股東？
12. 前十大股東？
13. 提供股票種類的敘述？
14. 依類別對股東的分析？
15. 持有百分之三以上股份股東之數目與姓名？
16. 持有百分之五以上股份股東之數目與姓名？
17. 持有百分之十以上股份股東之數目與姓名？

18.交叉持股比例？
19.有無公司治理章則或最佳實務準則？
20.公司治理章則或最佳實務準則本身？
21.有關公司章程的細節（如變動）？
22.表決權股與無表決權股的表決權利？
23.股東提名董事的方法？
24.股東召開臨時股東會的方法？
25.對董事會提出詢問之權利的程序？
26.在股東會提案的程序？
27.上次股東會的紀錄（如議事錄）？
28.重要的股東期日行事曆？

【表二：S&P 35 個有關財務透明度與資訊揭露的問題】

公司在其年度資訊中有無揭露：

1. 其會計政策？
2. 其會計使用之會計標準？
3. 依據當地會計標準之會計？
4. 依據國際公認之會計標準之會計（國際會計標準 IAS 或美國一般公認會計原則 US GAAP）？
5. 依據國際公認之會計標準的資產負債表 (IAS/US GAAP)？
6. 依據國際公認之會計標準的損益表 (IAS/US GAAP)？

7. 依據國際公認之會計標準的現金流量表 (IAS/US GAAP)？
8. 任何的基本盈餘預測？
9. 詳細的盈餘預測？
10. 以每季論的財務資訊？
11. 分門別的分析（以營業別區分）？
12. 查核會計師事務所名稱？
13. 查核報告複本？
14. 付給查核會計師多少查核公費？
15. 任何查核會計師非查核費用？
16. 合併財務報表（或者僅母/子公司）？
17. 資產估價方法？
18. 固定資產折舊方法的資訊？
19. 其擁有少於百分之五十權益之關係企業的列表？
20. 當地會計標準與 IAS/US GAAP 的協調？
21. 關係企業股權結構？
22. 細述所營事業之種類？
23. 細述所生產/提供之產品/服務？
24. 有形之架構下之產出（如使用者的數目）？
25. 運用之資產的特徵？
26. 效率指標（如資產報酬率、股東權益報酬率）？
27. 任何特定產業之比率？
28. 公司策略之討論？
29. 任何在未來（數）年度的投資計畫？
30. 任何在未來（數）年度的投資計畫之詳細資訊？

31.任何種類之產出預測？
32.本身產業之趨勢概述？
33.任何或全部事業之市場佔有率？
34.關係人交易紀錄/表？
35.集團交易紀錄/表？

【表三：S&P 35 個有關董事會與管理階層之結構與程序的問題】

公司在其年度資訊中有無揭露：
1. 董事會成員名單（姓名）？
2. 細述董事（姓名/頭銜以外）？
3. 細述董事的職務/職稱？
4. 細述之前的職務/職稱？
5. 董事就職時間？
6. 對董事劃分爲執行或外部董事之分類？
7. 列出董事會主席？
8. 細述董事會主席（姓名/頭銜之外）？
9. 細述公司董事會的角色？
10.保留予董事會權限決定的事務表？
11.董事會下委員會表？
12.審計委員會之存在？
13.審計委員會成員姓名？
14.報償/報酬委員會之存在？

15.報償/報酬委員會成員姓名？
16.提名委員會之存在？
17.提名委員會成員姓名？
18.除審計委員會之外其他的內部稽核功能？
19.策略/投資/財務委員會之存在？
20.董事持有公司股份數額？
21.上次董事會會議紀錄（如議事錄）？
22.是否有提供董事訓練？
23.董事報酬之決策程序？
24.董事報酬之特定事項（如薪資等級等）？
25.董事薪資之方式（如現金、股份等）？
26.董事依績效相關的報酬之特定事項？
27.經理人（非董事會）報酬之決策？
28.經理人（非兼任董事）的報酬之特定事項（如薪資等級等）？
29.經理人（非兼任董事）的報酬方式？
30.經理人依績效相關的報酬之特定事項？
31.高階經理人（未兼任董事）名單？
32.高階經理人背景的揭露？
33.細述所揭露之執行長契約？
34.所揭露的高階經理人之持股數額？
35.經理人持有關係企業之股份數額？

則台灣企業的分數如何？在 S&P/IFC Emerging Asia 部份，二五三家公司中沒有一家拿到八、九或十分的，也沒有一分的，拿到七分的有九家，其中大陸佔三家（大陸公司在四分到六分爲多，僅有一家爲三分。台灣四分的有五家（宏碁、仁寶、台化、台積電、聯電）、三分的六家、二分的二十五家（兩分的還有一家印度公司、三家韓國公司、一家泰國公司、一家菲律賓公司）。台灣兩分的公司在第二類（財務揭露）或許可拿四至五分，但在第一類問題只有一至二分，第三類全是一分。以形象良好的台積電與聯電爲例，其三類的分數各爲四／六／三與二／六／三分。

而在 S&P Asia Pacific 100 部份（代表亞洲重量級企業，但不算入大陸），九十九家公司中有八家拿到八分（澳洲六家、新加坡二家），台灣有二十一家入榜，最好的得四分有五家（中華開發、台化、廣達、台積電、聯電），三分的全由台灣包辦（六家），二分的也是（十家），韓國的三星電子以一分排名最後。台灣企業在三類問題配分上也與前述相同。

台灣公司治理評等殿後的原因探討

爲什麼以量化的指標來看台灣上市公司的公司治理評價如此之低，這裡面當然原因很多。首先，台灣的公司治理才從法律學術界擴展至企管學界，至企業界還是這兩年的事，也就是台灣企業的公司治理尚在幼稚園階段，我們在前面各章節已經分析了，企業現在才在思考公司治理對其長期發展的功效。

第二，台灣的法律對公司治理有重重限制，甚至不太正確的觀點。以標準普爾的三大類問題來看，主管機關向來只重視公司財務的揭露（甚至越快越好，不正確也無所謂），而忽視了公司的形成不只是財務而已，有很多「人」的因素，也就是台灣資訊揭露的規定太強調財務數據，但不能使投資人盡觀全貌，以致於相關揭露規定付諸闕如，則公司也沒辦法主動揭露，或根本不去建設內部機制，則分數自然會低。

第三點則是技術上問題，由於標準普爾是以年度揭露內容爲主，在我國則是年度財務報告、財務預測及公司年報，而非針對突發或特定事件的揭露（如要公開發行必須準備公開說明書），而對於這三類基本資訊，主管機關還是強調公司財務與量化性業務數據的揭露，而非標準普爾問卷中的期待（標準普爾是以美國標準來看），評分低也是必然的。至於大陸企業爲什麼分數較高，可能是因爲大陸法規不似台灣的管制，董事會構成彈性較大，且在美、港上市公司都已遵循國際公司治理的機制的結果，所以至少就表面上看頗有成績。

不過值得注意的是，標準普爾是從市場的需求來看公司治理，而這種態度未必全然經得起理論的檢證，如市場上強調的預測性資訊即是。

通常從市場的資訊需求歷史來看，市場參與者會最先要求知道公司的財務與業務資訊，而這裡台灣的規範在質與量上都還有一定的水平。至於與公司治理相關的，則與標準普爾的調查相符，還在初始階段，故我們不妨從內部機制中提出幾個參考指標：

一、缺乏定期對經營公司的人（包括董監事與高階經理人）的揭露，包括報酬與特別福利（最近證期會修改財報與揭露的相關法令，此處較以往充實）、詳細的經歷、現在的兼職、經營者相互間之有無親屬或財務業務關係、個人重大之訴訟事件、與公司之交易行為等。而目前台灣所氾濫的法人董監事，其法人與其代表人的上述事項、相互的關係，以及該法人的基本資訊也應是揭露重點（最近證期會修改財報與揭露的相關法令，此處較以往充實）。

二、缺乏對董事會與監察人權責與行動之說明。公布每年董事會開會的實際次數，監察人有無列席董事會或自行集會的說明。如果有獨立董事，說明其獨立性，與其任務分配。

三、缺乏詳盡並用寄發的股東會開會通知文件（不要等到進會場才知道會議內容或董監事候選人是誰）和股東會會議的真實紀錄（台灣股東會議事錄千篇一律極為形式與簡化，許多股東的發言與爭執在議事錄上都看不到，不妨參考立法院公報的製作），使得股東沒有參與感。

四、年報（不是年度財報，是給參加股東會的股東看的）上缺乏應記載上一年度內部人每個人的股權與股權質押變動狀況（如指在上一年度中該人股權增減的全部紀錄，而非以年底作為計算點）、短線交易而被公司行使歸入權者、關係人交易等，缺乏與相關揭露要求的整合（如前述股東會開會文件，也就是目前的設計缺乏年度整合性揭露資訊）。

五、股市觀測站的設計尚未考量公司治理的非數字性資訊的納入與設計。

美國市場上經常會說證券市場是專家參與的，而不是業餘者的遊戲地方。當然台灣散戶居多，並不是一個很成熟的市場。不過台灣市場因爲近年來的對外資開放，外資的投資策略，其實有很大程度影響了台灣散戶或機構投資人的買賣行爲。而美國的機構投資人與證券分析師早已重視公司治理，甚至積極主張。而台灣因爲許多法規的缺乏彈性，造成透明性不足，使得外資無法積極的評量台灣公司的公司治理情形，更正確的說是投資人根本不曉得經營者的身份以及內部的實質結構與程序。如果資訊充分，透過外資的帶動，是可以提升市場上的監督效能的。

---

[1] *See* EASTERBROOK & FISCHEL, Chapter 2, note 5, at 290-96.

[2] John C. Coffee, Jr., *Market Failure and the Economic Case for A Mandatory Disclosure System*, 70 VA. L. REV. 717, 722-23 (1984).

[3] *See* James A. Fanto, *Investor Education, Securities Disclosure, and the Creation and Enforcement of Corporate Governance*, 48 CATH. U. L. REV. 15 (1998)

[4] 有論者以爲有許多國家特別是馬來西亞與新加坡有類似台灣的財務預測制，可是查其敘述，其在強制性、編製方法與何時編製都與台灣有重大差異，特別是會計師的介入上，同樣這些國家很難解決預測與事實有差異時的責任歸屬。見賴榮崇，「美國、馬來西亞、新加坡及我國財務預測制度簡介」，證交資料第 449 期，1999 年 9 月，頁 9-16。

[5] 行政程序法第七條規定（比例原則）:「行政行爲，應依下列原則爲之：一、採取之方法應有助於目的之達成。二、有多種同樣能達成目的之方法時，應選擇對人民權益損害最少者。三、採取之方法所造成之損害不得與達成之目的之利益顯失衡突。」第八條規定（誠信原則）:「行政行爲，應以誠實信用之方法爲之，並應保護人民正當合理之信賴。」投資人與企業經營者都應該深思這兩個條文。

[6] 有關該法對預測性陳述的違法要件的基本分析，可見 Carl W. Schneider & Fay A. Dubow, *Forward-Looking Information – Navigating in the Safe Harbor*, 51 BUS. LAW. 1071 (1996).

[7] *See* SEC, Cautionary Advice Regarding the Use of "Pro Forma" Financial Information in Earnings Releases, Release Nos. 33-8039, 34-45124, FR-59 (Dec. 4, 2001).

[8] *See, e.g.*, Neil Bhattacharya et al., *Assessing the Relative*

Informativeness and Permanence of Pro Forma Earnings and GAAP Operating Earnings, SSRN Electronic Paper Collection, *available at* http://papers.ssrn.com/abstract=311302 (May 2002); Barbara A. Lougee & Carol A. Marquardt, *Earnings Quality and Strategic Disclosure: An Empirical Examination of 'Pro Forma' Earnings*, SSRN Electronic Paper Collection, *available at* http://papers.ssrn.com/abstract=298363 (Jan. 2002).

[9] SEC, Proposed Rule: Disclosure in Management's Disclosure and Analysis about the Application of Critical Accounting Policies, Release Nos. 33-8098; 34-45907; International Series Release No. 1528 (May 10, 2002).

[10] 參見吳琮璠，審計學—新觀念與本土化，2001 年 7 月再版，頁 547，553-562。

第十章　經營權的爭奪

「管制者常常非常驕傲告訴我們，他們贏了多少案子。我們所要求的績效評量，應該將重要性考慮在內。其次，管制失敗對管制者而言，雖非完全免費，但是，他們卻很少負擔全部的成本。有另一種管制失靈：瀆職。對於社會而言，行動緩慢（旗下還有一項並非空集合的特殊分類『永遠在行動』）的成本通常不易辨認。」

諾貝爾經濟學獎得主 George Stigler，人民與國家

在市場上，總是會有一些人想要以自己的實力，將公司的經營者掃地出門，自己來當老闆，這種情形是好是壞其實不能簡單地用道德來評判。本章嘗試以理論與實際事例來說明經營權的爭奪對公司治理的影響。本書以爭奪方法來區分，有委託書的徵求（proxy solicitation）以及股份公開收購兩種（tender offer）。至於雙方合意的公司合併，因不牽涉市場上股權的競爭，不是公司治理的機制，而是公司管理階層甚或股東的參與結果，不在本書範圍之內。

委託書徵求與收購

在第六章中，我們曾提到如果股東不能親自出席股東會，可以委託他人代爲出席，這是委託書的基本功能。而美國演化的結果是，由於股權分散與股東個別持股很低且散居各處，股東願意親自出席的誘因甚低，造成公司董事會必須向股東徵求委託書以湊足開會門檻，而有了聯邦證券法上委託書管理規則的規定，甚至包含股東提案的機制。換言之，委託書已從原始的由股東主動委託而變成了股東被動授與的現實狀況。不過，委託書的徵求者並不限於管理階層，其他的人也可以主動徵求。故理論上來說，如果一個股東能徵求到足夠的委託書（如五〇％以上的股份），他就可以控制股東會，選出自己的人馬當選董事，董事會再聘任新的CEO，這就意味著經營權的更迭，公司已經改朝換代了。

委託書作爲公司治理的工具

因而委託書的徵求可以作爲經營權爭奪的工具。故從公司治理的理論上來看，這似乎是監督經營者的一個利器，因爲如果公司經營者沒有好好經營公司，股價自然疲弱，投資人因此不滿，而此時有人挺身而出，說服並承諾股東他會是更好的經營者，或者主張公司應與某公司合併（

可能就是該人的事業），投資人在分析之下，將委託書給他，成功取得經營權後，則整個經營結構完全改變，投資人得到股價提升的好處。即使徵求不成，委託書的設計也會使公司經營者必須小心翼翼，注意公司的營運與獲利，避免外人的可乘之機，因此有刺激公司內部治理機能健全之效果。但委託書的徵求是否真有理論上的神奇功效，我們可從美國與台灣的例子中說明。

一般而言，委託書在美國作為爭奪經營權的工具近來雖偶有發生，但並不普遍。學者間對此的看法亦相當分歧[1]。主要的原因還是在於股東願意交付委託書給這些外部徵求者的誘因。如果外部人是想取而代之，經營者同樣也會盡力說服股東不要將委託書交付他們，股東因而陷入長考，在通常的情況下，除非公司的經營者真的績效很差，否則被動的股東還是會投給公司派。不過擁有較多持股的機構投資人的動向會是關鍵，本書會在下一章說明。有的時候，如果外部徵求者有相當的實力，公司派在事先會與其妥協，可能答應給其幾席董事，而避免了委託書爭奪戰的發生。如果徵求者是所謂的公司掠奪者或其他的企業，其徵求目的就在於合併公司，然後慢慢解體公司，將其資產大卸八塊後出售，當然公司會盡力抵抗，而股東也不見得會贊同，理由是如此一來，股東的投資利益完全會喪失，那麼你為什麼不付現給我—即使用公開收購的方法，否則股東在經營權的爭奪中毫無所獲。

因此產生了另一個問題，就是委託書可不可以用收購的，在美國稱之為購買表決權（vote buying），有些州禁止，有些州合法，並未一致，而學者間反應也不一致。伊斯特布魯克與費雪反對購買表決權，認爲會使得收購者的花費與所得不一致，理由是當你擁有的股權與表決權有大幅落差時，這些人對公司的實際利害關係與風險（持股比例）其實是很低的，如此一來徵求者會浪費公司資源在自己的享受追逐上[2]。

如果這兩位學者的觀念是對的，那麼公司經營者的持股更低，還是用無償方法取得股東的委託書又如何解釋，其資源濫用的可能性更高。但在現實美國股市中，收購委託書的事例極少，除了有些州的法律限制外，可能的原因是股東的反彈，股東從現實中考量你如果不連同我的股份購買（收購股權），股東會懷疑你經營公司的誠意，畢竟想要取得經營權者至少要展現財務上的實力，而美國的投資銀行對委託書徵求的融資設計似乎也興趣缺缺，代表了市場的否定。至於管理階層之無償徵求委託書，畢竟公司的過去經營成效已經揭露出來，且股東至少還是有投票的機制來監督公司（你如果不滿意你可以投廢票或提名其他人選），而對於外部徵求者，除了其公開揭露的資訊外，其餘的監督機制還未產生，用蒐購委託書其實只會加深股東的疑慮。

台灣的委託書運作

但是在台灣委託書的使用是完全不同的情形，理由應該是台灣的資本市場尚處於較原始的階段，且法規對委託書的種種限制所造成。台灣委託書的管理應以一九九六年爲分水嶺，從該年起財政部證期會修正「公開發行公司出席股東會使用委託書規則」(以下簡稱委託書規則或委託書管理規則）將蒐購委託書列爲非法，之前則是合法的。我們在第四章有說明，台灣在二〇〇一年公司法修訂前的法定選舉董監事的方法是累積投票制，則我如果在市場上買委託書，而該公司董事席次夠多，我就可以當選，最著名的就是已過世的「委託書大王」陳德深，曾身兼多家著名傳統產業上市公司董監事，當然你很少聽過這些人等在公司治理上作了什麼貢獻，倒是聽過這些蒐購委託書占有董監事席次的人刻意杯葛公司內部事務，無非是想分一些好處。

在一九九〇年代委託書主要是市場派爲了取得經營權的次要工具，其主要還是靠金主及自有實力暗地買進股份。至一九九六年證期會修改法令後，蒐購變成檯面下的行爲。偶爾公司派因持股不足，還是要依正式規定徵求委託書（但怕股東會拿不到公司紀念品而不願交付，證期會在管理規則中還特別規定徵求者可先向公司代領，再交付給被徵求者，這實在有點荒謬，但又反映了台灣股民愛佔小便宜的特性），不過更多的情形下，公司會私底下派職員向持股較多的股東動員要委託書（名義上的被委託人可能是職員），以及管理階層向持股的較大的股東遊說。主管機關爲何禁止委託書蒐購，主要是鑑於以往實務的惡行，尤其是委託書徵求導致的經營權爭奪戰，外部人入主的結果很多都是淘空公司的資產。

因此在委託書管理規則中，不但禁止以金錢蒐購，對公司派之徵求有很多方便的方法（如集合超過持有一年以上一〇％股份股東可以透過信託事業即銀行來徵求，但是你要付銀行費用）（但公司算算不划算，乾脆從股東名簿上找出自己的同盟私下取得，或者另有用心），而市場派如果沒有達到一〇％的門檻，而要自行徵求者，如果那次股東會有改選董監事，除持股要超過六個月外，徵求人自己的持股至少要有公司已發行股數的〇．二％且不低於十萬股，或本身持股已超過八十萬股，而且徵求者自己最多只能代理三％的股份。即使市場派持股超過一〇％，但是徵求就意味者對外公開，公司派也會公開或私底下反制，所以市場派會居於不利之地位，因此市場派也會想用私底下不公開的方法秘密進行。

而在管理規則中規定，如果不公開徵求，則稱爲「非屬徵求」，意味者是股東主動將委託書交給受託人，則受託人之代理股數不得超過本身持股之四倍外，在改選董監事的場合也不能超過公司已發行股數的三％，換言之市場派要找很多人頭，而這些人頭本身也要有相當的持股才行。因此近年來想要單靠委託書來取得經營權的已經越來越難。

主管機關的規定在某種程度上頗爲保護經營者，看起來似乎不公，特別是台灣的經營者在公司治理機制下有過度的代理成本問題存在。可是從過去的例子顯示，利用委託書的市場人士素質參差不齊，有許多是地方上土財主發跡者，結合地方的政治金錢勢力，而被介入的公司也都是以傳統產業特別是營建業爲主，與土地資產脫離不了干係，故理論上委託書爭奪能刺激公司治理似乎不能適用，而伊斯特布魯克與費雪的觀點—委託書用買的會造成風險與報酬的大幅落差反而得到印證。基此，委託書的徵求似乎沒有公司治理的太大價值。

不過最後還是要說明的是，現行委託書規則雖然大幅排除了市場派惡意入主掏空公司的可能性，可是同樣對有可能產生的社會公益型投資人參與公司治理的抑制效果，特別是如果全靠公司所提名的獨立董監事也有一定的風險，而台灣的獨立董監事還在托兒所階段，企業還無共識。國外也有學者對完全經營者主導（包括提名獨立董事在內）的情形不以爲然，因爲美國現行委託書規則其實遏止了少數股東參與董事會的機會，這在第四章介紹直線投票制有說明。

強制徵求委託書的建議

本書建議的解決方法是，股東會參考美國法但採強制委託書制，公司應在每次股東會以董事會名義強制徵求委託書，如果有人想要出馬與經營者提出的候選人一起角逐，公司應列入其委託書中，有如民意代表選舉公報一樣（但可聲明現任董監事公司不支持他），可避免股東收到兩份委託書在填寫與寄發效力上的困擾，而股東可將選票切割行使也符合直線投票制的規定，譬如應選九席董事，經營階層提出九位候選人，少數在野派如環保團體提出一位，股東可勾選八位公司提名的與少數派的一席（共九票），則公司派會有一人落選，而外部監督者就能進入董事會，而這外部監督者未必就遜於獨立董事。很可惜的是，由於美國長久的企業文化及法規限制，未能使少數代表制在企業董事會上生根，而台灣則大可不必步上美國獨立董事的盲點[3]。

敵意公開收購

敵意購併（hostile takeover）是美國一九八〇年代購併狂潮下的經營權爭奪的最重要工具，國內外的文獻有成千上萬，但在台灣僅有二〇〇一年的中華開發收購大華證券的事例，而且以失敗告終。不過我們還是要稍微簡單說明敵意公開收購與公司治理的關係。

敵意公開收購的定義與成因

公開收購是指收購者在市場上面宣布一定價格，向目標公司（target company）股東要約以該價格直接向其以高於市價購買股票，而不透過集中交易市場或店頭市場，故是屬於場外交易。要約時收購者會宣布要購買一定比例之已發行股份數。當收購完成後，通常收購者連同自己原先所持有的股票，已超過五〇%以上或更高。此時再要求召開臨時股東會改選董監事，完成經營權的移轉。敵意，是指這項購併計畫並沒有得到與目標公司經營者同意或是合作，否則就是善意或合意的公開收購。合意性的經營權移轉沒有公司治理的外部機制效能。

公開收購發動的基本經濟上理由是目標公司的股票市價被低估（undervalued），股東將股份賣給收購人時，他就可以賺取市價與「應有」價值的差額（premiums），股東就會落袋爲安。所謂被低估，就意味著公司管理階層的經營效率有問題，使得公司沒有創造出應有的利潤，而這個經營效率差額是收購人在入主之後可以完成的。因此與徵求委託書相同，公開收購具有公司治理的效果是它可以利用市場趕走不適任的經營者，而潛在被收購的威脅會使經營者兢兢業業增進經營效率擴大股東財富，避免股價被低估；而與徵求委託書不同的是，股東會有很強的誘因在公開收購時賣出股份，畢竟理性投資人會想，如果我不賣而公開收購失敗，則股價或股利在現任經營團隊的繼續掌控下則更不能期待；如果我不賣而公開收購成功，我的股票可能面臨下市無法交易，或是購併者的換股比例遠遠低於當初公開收購的價格。

公司面對收購應採何種姿態？

公開收購是否真的具有如此有力的公司治理效果其實很難分析，因爲在美國的市場經濟下，不同利益者在公開收購中角力，使得公開收購變得非常多元與複雜，公司治理變成只是其中的一種利益而已。這種多元利益我們簡單分析如下：

首先，在發動公開收購後是否目標公司應該束手就擒？理論上應該是，這對股東最有利，可是絕大多數的公司不會這樣做，因此就產生種種的防禦策略，包括白武士（white knight）、小精靈（pac-man）、毒藥丸（poison pills）、驅鯊劑（shark repellants）、黃金降落傘（golden parachute）等等用語。白武士是目標公司見無法抵抗對方，乾脆找一個可信任的外人也來公開收購（競標），至於其他則是公司可以預先修改章程，使得收購公司的成本支出大幅增加（如一發生公開收購，公司馬上膨脹資本），則根本排除潛在的購併威脅。

這些防禦策略在公司治理上最大的問題是，公司經營者是否因防禦而違反對股東的忠誠與注意義務（統稱爲信賴義務)(fiduciary duty),也就是防禦策略會危害股東的最大福利,而超出「經營判斷原則」保障管理階層的決策範疇。德拉瓦州以及一些州的判決結果認爲,公司管理階層在經營判斷原則下,只要它合理的相信防禦措施是對股東與公司最好的,則並無違反信賴義務。但如果公司願意讓外部人取得經營權,那麼經營者確實負有義務使得股東得到最佳的價格。

最佳價格說看似合理,在實務上其實還是要仰賴經營判斷原則。因爲美國一九八〇年代的購併熱,並不是收購公司都有那麼多的現金可以隨意買賣。相反的,這是華爾街投資銀行貢獻的結果,投資銀行幫助收購者募資,主要是利用債券的發行,甚至有所謂高風險高報酬的債券,就是所謂的垃圾債券(junk bonds)。當收購成功後,公司一合併,被收購公司就要承受這些債券的本金利息支出。因此收購後通常會導致公司裁員、關廠、處分資產營業的情事出現。而這些行動正是公開收購遭受最大責難之處,而工廠所在地的州則是反對公開收購的最大聲音,因爲這影響到地方的經濟發展以及失業所帶來的社會與財政成本,故勞工也是反對最大的阻力,連帶影響州的政治生態,這種利害並不是公司治理所能解決的問題。

同時,當公司管理階層決定防禦策略時,股東也會不滿,實證也有顯示採取防禦策略的公司股價會下挫[4],股東也會提起訴訟阻止,造成經營者的處境兩難。對此,地方勢力逐漸佔了上風,紛紛在各州公司法中制訂反購併條款,不過聯邦最高法院曾經在一個判決中宣告某州的反購併法違憲，是以各州不斷推陳出新，以避免違憲的爭議，最後有所謂第三代的反購併條款的出現。

美國的反購併法（州法）

此種第三代反購併法以德拉瓦州公司法爲代表，其公司法第二〇一條規定，如果德拉瓦的上市公司要與利害股東（interested stockholder，指持有一五%以上的表決權股）從事事業結合（business combination，含合併、資產的處分與營業轉讓等），必須要等到該股東成爲利害股東的三年後爲之，除非：(1)事前董事會同意該結合或會導致該股東成爲利害股東之交易；或(2)交易完成後成爲持有八五%表決權股的利害股東（身兼經理人之董事持股及某些員工持股計畫之持股不算入）（也就是公開收購股權的比例要很大）。三年以後，必須要董事會同意（如果不同意購併者要先召開股東會將董事會改組），再提交股東常會或臨時會通過，但通過的門檻是必須得到全體有表決權股三分之二以上的贊成票，且利害股東的持股不列入計算。

這樣一來可說是敵意公開收購的一大挫敗，因爲所需時間太長，或一次收購八〇%金錢的即時支出也很大，總而言之就是成本就太高了。由於敵意公開收購在那個時代要相當的融資協助，時間太長利息成本完全無法負荷，自然會使敵意公開收購的市場逐漸萎縮，代之而起的是一九九〇年代以後的合意購併了。

台灣公開收購的發展

在二〇〇二年二月之前，台灣的公開收購是採取核准制，也就是收購人必須先得到證期會的核准才能開始進行收購作業，但從相關行政命令於一九九五年訂定後六年多來，僅有中華開發收購大華證券一案。可是從一九七二年至二〇〇一年以來，據專家統計，上市櫃公司的成功購併案例有七七件，失敗者四三件，以協商收場者十件（八〇%以上是發生在一九九〇年以後）[5]，也就是說以公開收購的嚴格以及委託書蒐購的低效率，台灣在一九九〇年代的經營權爭奪情況算是十分活躍。可是同一時期聽到這些「換手」或被「借殼上市」公司的新聞經常是經營不善、內線交易、五鬼搬運、淘空資產等極度負面的事故發生。有名者包括曾正仁之於順大裕與台中商銀，侯西峰之於國揚建設、吳祚欽之於亞瑟、普大、台芳，海山劉氏家族之於尚德與達永。當然也有經營權更換後經營績效大幅增進的企業，如精業電腦與南港輪胎，但似乎負面者居多，因此很多人包括政府官員當時都大肆撻伐。

可是我們可能忽略了幾項事實；第一，當時是泡沫經濟的頂端，如同美、日一樣會出現的情況，現在經濟雖然疲弱，不代表未來不會再度發生此等趨勢，這是宏觀經濟的基本情況。第二，也是最重要的，台灣的銀行與證券商體系在這二、三十年來政府的短視之下，根本沒有發展出投資銀行的特質（也限制外商的引進），更甭說幫收購者提出取得經營權的戰術，因而收購者必須利用地下管道，結合人脈與錢脈（這又涉及了地方金主、派系、黑道等等的勢力介入），以取得經營權，但取得之後，又要應付「贊助者」或其他金錢上的允諾，因此內線交易、市場股價操縱不斷，主管機關又限於能力，不能有效防範。

而從一九九七年東南亞金融風暴以後，台灣的經濟環境每下愈況，使得這些高槓桿的借殼上市公司與其負責人財力無法承受，於是紛紛出現財務危機。而政府似乎到最近才領悟，在二〇〇二年初證交法修正時，以法律明文規定公開收購採美國式的申報制，不必再由主管機關作實質審查。但是，由於融資管道的規範不明（如基於此理由發行債券，主管機關尚無任何規範，但台灣是法令沒規定的不准做，美國是除非法令禁止的都可以做），且金融界對新的金融商品之應用尚在起步階段，公開收購市場的出現還要一段時日，也就是在台灣在目前是無法以其當作公司治理的機制。

但補充一提的是，台灣的善意合併（特別是金融業）在公司法修正、金融控股公司法與企業併購法的通過後倒是相當頻繁，似乎說明台灣的金融業原本缺乏經濟規模，而願意利用主動的合併展現了再生的契機，但這種主動行為在整體證券市場上畢竟還是少數。而美國一九八〇年代的購併熱，一些學者的觀察正是因為美國的綜合企業體（conglomerates）發展到了極限，事業太龐大以及業務太多元，股東的權力處於最低潮期，的確需要重整，而購併潮的結果與購併工具正好配合當時的時勢，修補了美國企業與經濟的問題（譬如說，公司將其不熟的業務部門切割出去，市場上自有專業人士評價與做更好的資源運用；將工廠往墨西哥移就代表美國產業與勞工必須技術升級）[6]。而敵意公開收購自有以市場機能矯正企業經營無效率之功，這可是公司治理市場機能下的意外收穫。

---

[1] 美國委託書與公司治理的基本文獻可見，John Pound, *Proxy Contests and the Efficiency of Shareholder Oversights*, 20 J. FIN. ECON. 237 (1988).

[2] *See* EASTERBROOK & FISCHEL, Chapter 2, note 5, at 74-75.

[3] 美國現行委託書制度爲什麼抑制了少數股東在董事會的代表能力，涉及到許多法規與實務上相當複雜的處理流程，可參見 Ronald J. Gilson et al., *How the Proxy Rules Discourage Constructive Engagement: Regulatory Barriers to Electing A Minority of Directors*, 17 J. CORP. L. 29 (1991).

[4] See Gregg A. Jarrell et al., *The Market for Corporate Control: The Empirical Evidence Since 1980*, 2 J. ECON. PERSP. 49 (1988).

[5] 楊家璋、張子著，經營權爭霸：企業敵意購併攻防戰，頁 109-123（2001 年 11 月初版）。

[6] *See* DANIEL R. FISCHEL, PAYBACK: THE CONSPIRACY TO DESTROY MICHAEL MILKEN AND HIS FINANCIAL REVOLUTION 15-22 (1995).

第十一章　公司債與機構投資人

「二十家甚至更少的最大型機構投資人，一起行動，可以有效改革一家公司的公司治理，僅僅只要不投票給那些對齷齪行徑容忍的董事就可以了。我的看法是，這樣的協力行動是真正改進企業管理的唯一方法。」

美國投資大師 Warren Buffett（巴菲特），Berkshire Hathaway 公司董事長兼 CEO，2002 年公司年報中致股東信

公司債與公司治理

在傳統公司治理的理論中，公司的債權人並沒有什麼地位，因爲債權人是固定請求權人(fixed claimants)，對公司的利害關係是固定的債權金額（加利息），只要公司的資產大於負債，他根本不關心公司是否賺錢或賠錢，也不必關心其內部事務或營運，只要坐等本金及利息的償還即可。如果公司破產，債權人至少可就剩餘財產分配，但股東是完全拿不到，故就利害關係上，顯然股東更有誘因監督公司的經營。

唯一的例外是公司聲請重整（reorganization），這裡是指公開發行公司（其他類公司不適用）財務發生困難，如果宣告破產有廣大的股東遭受投資的完全損失，而債權人雖然可拿回部分金額，但公司還是有再生的契機，如果假以時間重新整理，人事業務等的調整，可以起死回生，債權人將可得到更多甚至完全的補償（但有時間成本），眾多股東手上的股票也因公司的再生而又有價值，法官在衡量各種利弊得失之後，會允許公司進行重整計畫，而在法院的重整程序中，依公司法的規定，債權人有相當的參與權限。當然，就一個淨值已經是負數的公司，股東已無任何經濟上的權利，故公司治理的責任必須轉由債權人承擔。

撇開公司重整不提，難道債權人真的不必關心代理成本的問題嗎？公司會不斷的向外融資，有大有小，有長期有短期，這是公司自然的財務行為。公司的融資簡單可以分成兩大來源，一是以銀行為主的融資，或稱為私下融資（private financing），一種是向大眾的融資，即公司債（corporate bonds）的公開發行，兩者可以在公司治理上扮演一定的角色。

私下融資者有較強的公司治理能力

銀行融資中銀行可以利用各種條件保障其債權，而反應在其融資管理的操作上。理論上金額愈大，銀行對債務人的還款能力應該更要監督。當然台灣銀行業目前逾放比過高以及其他授信的弊端是一種系統性的問題，非在本書討論範圍內。可是這種以銀行為主的融資的特性是，銀行通常站在有利的締約地位，在資訊掌握上他可以以其優勢得到很多公司的第一手或機密資料，而這些資訊未必是法律所要求應對外揭露的，因此銀行會優於市場對公司做出更正確的評價，而公司也會因爲融資條件調整公司之營運與內部管理。

二〇〇二年二月證券交易法修正，新增了有價證券私募（private placement，一種不公開的發行），是以公司債也可私下賣給以金融業爲主的機構投資人。這些人不似一般的投資人，有專業的投資能力，更重要的是，發行公司在向這些人募資時，如果沒有仔細的條件與揭露，出借人可以把錢借給其他的發行公司。可以說契約地位的不均以及融資市場的競爭，會使債權人具有某些公司治理的能力。不過這種講法不能高估，因爲理論上債權人畢竟是固定請求權人，他的利害關係有限。更嚴重的是，如果銀行本身只從投資組合來看放款，即一個放款的損失可用其他放款的獲利來彌補，或者是過度重視擔保品的價值而忽略了還款能力，會產生授信制度的全面風險（這也就是金融資產證券化不是解決銀行不良債權萬靈丹的主因）。

公開發行之公司債的公司治理能力較弱

但對外公開發行的公司債又如何？公司債的債權人固然與股東一樣享有完整的公開揭露資訊，但沒有更多了，相對於融資銀行，其締約地位並不更高，也沒有股東的表決權，而如果公司的行爲有損於公司債債權人但有利於股東（如提高股利），或股東無所謂但可能會有損債權人（向外借更多的錢），公司債債權人似乎沒有任何的力量阻止或提出異議。

對此，我國公司法參考美國一九三九年信託債券法，有所謂「受託人」的機制。這其實是一種信託，債權人是受益人，受託人是金融機構，由發行公司選定處理債權人與發行公司的相關事宜。可是與美國法一樣，該受託人的義務不明，法律中並沒有要求受託人應隨時注意公司的財務業務狀況，若公司發生任何危及債權之情事時，應隨時爲債權人提出法律上請求。

當然在理論上受託契約是可以訂定此類的保護條款，但這意味著債券成本增加，以及受託銀行有無此種誘因（以及是否夠大）來幫債權人，否則債權人可以反過來告受託人違反信託義務。恐怕受託人最重要的義務是在公司法第二六三條，召集債權人會議討論共同利害事項。這個條文有兩個問題：第一，顯然受託人的權限很小，有重大事項不能自行決定，則要受託人有何用？第二，即使債權人開會作成決議，對公司也無拘束力，因爲這不是股東會決議，還是要與公司談判（如修改公司債契約）。因此有學者建議公司債制度需要大變革，特別是在強化受託人的權限上[1]。就公司管理階層對債務面的代理成本而言，受託人的地位的確需要釐清與強化

美國機構投資人的種類

美國機構投資人從一九七〇年代末期以後逐漸成爲證券市場矚目的焦點，到目前在股市總市值占有率已超過五〇%以上，因此大家都期盼機構投資人的強大能解決公司治理上最大的一個困境，也就是集體行動問題。由於股東股權分散已極大化，使得股東會的功能徒具形式，使得代理成本問題極其嚴重。而機構投資人持股多，對公司管理階層有一定的壓力，加以一九八〇年代後購併風潮產生市場對企業公司治理的刺激與評價，使得機構投資人成爲大眾期盼最能監督公司的代表。不過是否機構投資人真的符合大眾的期待，與機構投資人的背景、交易習性、法律規範都有關連，不能一概而論。

一般對美國機構投資人種類可區分如下：

1. 銀行。銀行即使在二〇〇〇年國會以「葛蘭姆—李奇—布李里法」(Gramm-Leach-Bliley Act)號稱打破了投資銀行、商業銀行與保險業的圍牆之後，對投資證券市場仍有一樣的限制，所不同的是在新的金融控股公司結構下，金控公司下的子公司依其功能可以從事不同的金融活動（與台灣金控公司制度類似）。故原則上，銀行還是不能以自有資金投資股票。但有一個例外，也是歷史所承認的例外，銀行的信託部門，可以以受託人的身份，為客戶的信託基金從事證券的投資，這是因為銀行向來都具有信託的功能，但原則上銀行不可將信託資金總額一〇%以上投資於一家公司，且信託部門要與銀行的其他部門建立防火牆（fire walls）以隔離資訊之流通，避免利益衝突的違法情事。

2. 保險公司。保險公司向來是證券市場的主要投資人，由於保險法屬州法，各州規定不同，原則上都有投資組合的基本要求，如投資股市的資金比例上限，以及投資每一公司不超過被投資公司的資本額一定比率（可參見台灣保險法第一四六條以下各條有類似的原則）。
3. 共同基金（mutual funds）。即台灣的投信基金（不同者在於形式上美國採公司制，台灣採信託契約制），美國稱為投資公司（investment company），也是美國散戶投資股市的主要管道。
4. 豁免之投資公司。是類似共同基金的機構，但其不對外公開發行，免受證管會的註冊要求。主要投資者都是大企業或大戶，可說是私募型的基金，通常是投資銀行所設的子公司。投資標的較多元（如創業投資、海外 BOT 投資），投資策略也因其屬性而有異（如避險基金）。
5. 退休基金。是各種機構投資人中持有股票比例最高者（別種可能分散投資如債券、期貨、外匯等），而其下又有多種分類，如公務員的退休基金，如最著名的加州公務員退休系統（California Public Employee Retirement System，以下簡稱CalPERS）、威斯康辛州投資委員會（the State of Wisconsin Investment Board）；另一種是私人雇主設定之福利計畫（private (employer-sponsored) defined-benefit plans），是企業提列退休基金於一專屬的信託基金，員工退休時領取，信託基金由受託人管理，可投資於證券市場，聯邦政府另設退休福利擔保公司（Pension Benefit Guaranty Corporation）保證一旦退休基金失敗，員工還是有基本的保障，故有如存款保險。此制度有相關的勞退法令規範之。最後一種常見的基金形式是私人雇主設定的共同提撥計畫（private (employer-sponsored) defined-contribution plans），基金是由雇主、員工或共同來提撥，其投資管理主要有專業管理之基金方式、私人管理之基金方式（如甚為流行的401(k)帳戶，員工自行管理投資組合的彈性較大），以及委由投資公司管理三大類。美國目前最大的退休基金管理者是「教師保險與年金協會—大專退休權益基金」（Teachers Insurance and Annuity Association – College Retirement Equity Fund，簡稱TIAA-CREF，事實上是兩個機構的結合體，前者屬保險事業，後者屬投資公司，分受不同的事業管理法規範）[2]。

美國機構投資人的投資行爲模式

四種行爲模式的機構投資人

由於美國機構投資人的類型眾多已如上述，但投資策略之不同會影響其對公司治理的結果，有學者將機構投資人從以股東身份的參與度，可將機構投資股東分成四級[3]。

第一級股東是在財務上與投票上都積極的投資人。典型者包括華倫・巴菲特（Warren Buffett）、威斯康辛州投資委員會及其他積極管理的公共退休基金。

第二級股東是在財務上被動但在投票上主動的投資人。典型者包括 CalPERS、紐約州共同退休基金及其他會投票的指數型基金。

第三級股東是在財務上積極但在投票上被動的投資人。典型者包括許多銀行的信託帳戶、企業的退休基金。

第四級股東是所謂的交易人（traders），其在財務投資上積極但在投票上消極被動。典型者包括只注重投資策略的基金經理人、程式交易人、市場套利人等。

所以到了第四級股東，其對公司治理的影響其實很小，對這些人來說，所謂的公司治理並非積極參與，而是不好就賣，而由價格機制來決定。而由於這四級機構投資人各有不同的投資目的，因此展現的公司治理態度也不一樣。美國公司法學者布萊克基於此種現實，將機構投資人在公司治理上所扮演的角色區分為「機構投資人的聲音」與「機構投資人的控制」兩大類。前者指機構投資人不必加入經營，但扮演施加壓力提出異議的角色，後者則是直接介入經營，如擔任董事等[4]。

機構投資人控制在美國很少見，除了極少數的私募型投資基金以外，主要還是因為法律的規範，如投資公司（共同基金），如果持有一公司股份到一〇％，或自有資產的五％，該被投資公司會被視為共同基金的關係人（affiliate），會受到嚴格的證券法律規範其營業行為與資本；保險公司在州法下亦同此理；至於金融控股公司，同樣有持股比例的上限與限制非金融子公司的業務，至於銀行除了信託部門所管理的信託資金以外，還是不能從事股票的投資。美國歷史發展，非常排斥金融業與產業界的相互控制關係，這與其社會發展、種族文化、政治上意識型態都有關連，無法在此簡短描述[5]。即使是葛蘭姆—李奇—布李里法對美國金融體系有相當的改革，可是並非是讓金融機構參與被投資公司之經營，也就是布萊克教授所稱的機構投資人的控制在美國並不存在，但德日兩國卻很明顯，可是一樣有相當的公司治理問題存在。

第一、二級機構投資人積極參與公司治理

那麼至少就第一級與第二級股東而言，在美國證券市場上到底有無公司治理的成就？答案應屬肯定。首先，在一九八〇年代購併風潮開始後，機構投資人的動向變得舉足輕重，他們可能支持公司的毒藥丸反購併條款，因爲他們不認同購併者的誠意，但同樣他們有時也會支持購併者，默示經營者的績效不彰。如一九八九年漢威公司（Honeywell）提出兩項反購併的議案，向股東徵求委託書尋求支持，但大股東 Richard Rainwater、CalPERS 與賓州公立學校員工退休系統反對，雖然他們合起來不到五％之持股，可是還是說服了其他機構投資人使公司的議案表決失敗，三週之後，公司內部重組，股價也大幅攀升[6]。此外，如 CalPERS 與 TIAA-CREF 經常對外公布公司治理的相關準則，甚至企業社會責任的指導方針，提供 CEO 參考，有時直接批評被投資公司的公司治理績效請求改進，並有相當制度化的董事 CEO 績效評估程序。最近，洛杉磯時報也報導 CalPERS 與紐約聯合銀行向奇異提出股東提議，力促其將經理人報酬與公司績效做更緊密的連結。

而由於資本市場全球化的趨勢，CalPERS 甚至將其公司治理的投資理念帶到國外，CalPERS 曾經在德國公開支持投資人權益團體的提案，也曾在日本對其企業界宣揚美式公司治理的理念及表達日本股權結構下銀行的地位表達關心[7]。當然，公司治理的全球性並非一蹴可及的。其次，

股東積極主義（shareholder activism）在美國向來仍然扮演一定的角色，本書也曾談到，在一九六〇與七〇年代美國經歷了許多重大社會事件，許多投資者利用股東會對公司以及其他股東作機會教育，議題涵蓋化學武器、環境與生態保護、消費者權益保護、男女及種族在工作權上的平等，可說是當代社會運動的一環。

股東權益諮詢機構應運而生

而當機構與一般投資人對公司治理都有一定的共識後，營利性或非營利性的股東權益機構也就出現，最著名的有 IRRC（Investor Responsibility Research Center，投資人責任研究中心，提供各家公司公司治理機制的統計與分析）、ISS（Institutional Shareholder Services, Inc.，機構股東服務公司，提供機構投資人遵守信賴義務與委託書投票之諮詢與研究，如前述漢威公司的機構投資人就是利用它的協助）、CII（Council of Institutional Investors，機構投資人會議，由加州財政廳創立，會員包括超過二百五十家的公立或勞工退休基金，也有企業設立的退休基金，以及與投資相關的公司，相當積極倡導公司治理）等等，而使機構投資人的力量聚集起來，進而對企業、國會、主管機關產生一定的壓力。

機構投資人的公司治理功效還可加強

公司證券法權威布萊克與考菲教授在比較英美機構投資人的行爲後（英國較積極），提出一項結論，機構投資人在監督管理階層上扮演相對有限、較不願意介入的角色，並不是因爲所有權與經營權的分離，而是在於不完整的資訊、有限的機構本身的能力、協調（其他股東）的相當成本、基金經理人對公司治理與受益人的誘因不一致、對流動性的優先考量、對介入所帶來的利益不確定等。換言之，代理成本在機構投資人眼中的重要性還是低於被投資公司與他公司的績效比較，但如果法令對機構投資人的拘束放寬，至少對機構投資人有積極監督的空間（如果他認爲這是有經濟上利益的）[8]。從美國實例來看，機構投資人仍有一定的貢獻，但如果要強化，則必然要有相當法制的改變才可能造成誘因，這是美國公司治理的一個長遠課題。

附帶一提的是美國惠普與康柏在合併案所發生的一個小插曲，由於機構投資人的票具有關鍵性，菲奧莉娜在最後時刻與其CFO以電話商議確保兩大機構投資人北方信託（銀行）與德意志銀行支持合併案（最後確實如此），最後合併案在惠普股東會上以五一・四八％的股數贊成通過，後來惠普創辦人的長子也是董事之一的Walter Hewlett起訴時（見第四章），曾主張菲奧莉娜不當影響德意志銀行的投票，德意志銀行曾在不久前幫惠普安排融資，不過Walter Hewlett提不出具體證據。故即使是像北方信託或德意志銀行等可被歸類為第三級的股東，在公司許多重大變化的時刻，還是要自己作出決策，像ISS就是德意志銀行的委託書顧問（建議支持合併案），因此在強調機構投資人的公司治理角色，許多專業的輔助機構會有一定的價值，也有可能會加強第三、四級股東的重要性。

台灣的機構投資人的構成

台灣機構投資人在股市的投資約佔交易量的一六%左右，與歐美相較仍為低，但有逐漸成長的趨勢。而台灣的主要機構投資人，本書嘗試分為三大類：(1)銀行、保險公司與金控公司；(2)三大法人—外資、自營商、投信公司；(3)四大基金—公務人員退休撫卹基金（以下簡稱退撫基金）、勞工退休基金（簡稱勞退基金）、勞工保險基金（勞保基金）、郵政儲金。這三大類投資法人目前在扮演公司治理的角色上均顯不足。

銀行、保險公司與金控體系

我國銀行法在立法時深受美國法的影響，將投資銀行與商業銀行業務加以嚴格區分。不過近年來此種隔離逐漸打破。以銀行法第七十四條為例，商業銀行可以轉投資金融業（包括銀行、證券、保險、期貨、信用卡等）與非金融業，只是投資非金融業不能參與經營（如當選董監事或派任經理人）。更怪異的立法是第七十四條之一，規定商業銀行可以投資有價證券，當然包括股票，且與第七十四條的持股比例分開計算（各有投資門檻）。銀行投資金融業通常是金融財團間的交互持股慣習，姑且不論，在台灣商業銀行是可以有能力扮演較積極的角色的。此外，由於信託業法的施行，具有信託業務能力的銀行可以透過信託基金受託人的角色行使投資股票的股東權利，是否信託部門會如同美國銀行擔任第三級投資人抑或更積極的角色也待觀察。至於保險業似乎目前也屬第三級的投資人。

至於金融控股公司，目前依據金融控股公司法第三十六條，僅能投資（廣義）的金融業加上創業投資公司，雖然不限於其子公司，可是與銀行的相關規範配合來看，台灣在金融集團的整合下會出現控股集團間交互持股的現象，因而會產生一個特殊的問題，就是金融集團的股權結構會有少數集團壟斷多數股權，他們是內部股東，而非如美式機構投資人代表的公眾投資人，如此大小股東間可能會有明顯的利益衝突，而使得股東監督機制完全無法發揮效用。加上控股體系形成後，資訊透明度除非政府強力介入，否則減弱的可能性大增（因為依法子公司全部下市了，證券交易所所要求的很多額外資訊揭露規定會無法適用），而且各子公司之間如何建立有效的防火牆也考驗者相關主管機關。故金融控股體系先不要論其對上市公司有何公司治理的效果，本身就有極高的代理成本要解決。

撇開金控體系不談，學理上會認爲投資銀行最具公司治理功能的潛力。它可以參與被投資事業的經營，在台灣的投資銀行以交通銀行與工業銀行（台灣工銀與中華開發）爲代表。

三大法人

外國專業投資機構（英文簡稱 QFII），雖然佔台灣股市交易的比例並不大，但由於其國際化的選股策略（如注重公司基本面、宏觀經濟環境等），在台灣股市中有超過其資金的影響力，對於提升台灣股市與投資人的素質，有一定的貢獻。據作者的觀察，美國的 QFII 相當注意一家公司公司治理的運作（無怪乎標準普爾會調查與評等亞洲公司的公司治理），會參與表決，會詳讀開會資料（即使它是指示台灣的代表機構去投票）。根據委託書規則第十七條第三項，如果 QFII 持有一公司股票超過十萬股者，在股東會開會時應指派國內代表人或代理人出席表決。這個條文用意在於鼓勵外資參與股東會，不過在現行制度下，QFII 的角色還是較爲被動。

至於證券投資信託事業所發行的證券投資信託基金，即共同基金，能否扮演有效的角色。我們在介紹美國四級的股東可以看到，如果是指數型基金，因爲他的投資組合是反應指數成分股，所以其周轉率較低，因而會長期持有某檔股票，而必然要參與股東會投票，關心公司長期績效。其他的基金，如所謂成長型基金或積極型基金，會想要「擊敗大盤」或尋求高風險高報酬的股票，因此殺進殺出的頻率很大，是第四級的交易人。

而在台灣，投信基金在公司治理的功能可能有限，除了它是屬於第四級的股東外，依據委託書規則第十七條第一、二項，若持有十萬股以上應派代表人出席，行使表決權「應基於受益憑證持有人之最大利益，支持持有股數符合本法（指證券交易法）第二十六條規定成數標準之公司董事會提出之議案或董事、監察人被選舉人。但公開發行公司經營階層有不健全經營而有損害公司或股東權益之虞者，應經該董事會之決議辦理」。這是很有趣的一個條文，其實當初的立法目的是防止投信公司與市場派結合徵求委託書或經營權（的確當時台灣市場派的水平不是很高），可是這樣立法下來也剝奪了投信基金監督公司的角色。還是我們對台灣投信基金不必期待過高，因爲公司如果真的有不當經營，恐怕不要等到投信公司董事會決議，基金經理人早就把股票賣掉了。

四大基金

四大基金目前已經淪爲學者們的笑柄，因爲完全成爲政府護盤的工具（故國安基金可以不必進場，那是最後的護盤手段）。不過也不能一概而論，因爲四個基金的立法依據以及實際運作還是有些不同。

退撫基金的法源有三個（公務人員退休撫卹基金管理條例、公務人員退休撫卹基金管理委員會組織條例、公務人員退休撫卹基金監理委員會組織條例），目前實務是將一部份資金委外操作買賣有價證券（受託者包括中央信託局以及投信公司），但絕大部分仍由考試院下的基金管理委員會負責，投資標的並不限於股市，還可以放款給各級政府以及公務員的相關福利事務。惟就以公司治理貢獻而言，目前是相當消極的，依據「公務人員退休撫卹基金有關上市（上櫃）公司股權行使作業規定」第四點，股東會改選董監事時，退撫基金應：(1)有官股代表者，優先支持官股代表；(2)無官股代表時，在維護本基金權益立場下，支持正派經營之公司大股東；(3)有經營權之爭時，得棄權保持中立。在政府的影響下，消極的公司治理未必不是一件好事。

至於勞工退休基金與勞工保險基金，其法源分別爲勞動基準法與勞工保險條例，主管機關爲行政院勞工委員會，勞退基金的執行機關是中央信託局，而勞保基金的執行機關是勞工保險局，兩者並不相同。目前都有行政命令規定主管機關可提撥一定比例額度委外操作，與退撫基金同。與美國退休基金的私人性質相比，台灣勞退勞保基金因爲法律的規定，變成政府負責管理的制度，故公司治理的效能也是有兩難的問題。

最後說到郵政儲金，在二○○二年七月郵政儲金匯兌法施行前，郵局之吸收民眾存款是依據國民政府時代所訂從未修正過的郵政儲金法，根據該法郵政儲金只能轉存中央銀行，不能有其他用途，所以在新法施行前用郵政儲金去護盤是違法的（可是央行說我是請利用郵局代為投資，是央行的錢，所以不違法）！當然在新法通過後，郵政儲金的運用彈性就大得多了，包括受政策指示放款，對此實不必太期待它在證券市場上能扮演多少公司治理的角色。

小結

機構投資人參與公司治理其實要看誘因，如果公司治理確實能展現營運績效，機構投資人的參與意願就會高。當然，由於機構投資人要對背後的投資者負責，而有不同的投資策略，這也影響了機構投資人的參與。此外社會團體也可利用其機構投資者的身份，影響公司決策或公眾視聽。另外專業的公司治理研究單位，不論是營利性或非營利性，如果能在台灣落實，也對機構投資人的參與有一定幫助。

台灣機構投資者的規模不大，還有發展的空間，可是已有潛在的危機。第一是金融控股集團的產生，產業與金融業的錯綜關係，交互的利益糾葛，可能會不利公眾投資人，而步向日本的後塵。而政府主導的基金，又有太多的政治考量，也不利市場機能的發展，抵銷了其能在市場上扮演的監督角色。

---

[1] *See* Yakov Amihud *et al.*, *A New Governance Structure for Corporate Bonds*, 51 STAN. L. REV. 447 (1999).

[2] 有關美國各類機構投資人的分類及其功能分析，可參見BLAIR, Chapter 7, note 5, at 149-165；有關美國退休基金之制度面分析及各國退休基金的比較研究，可參見余雪明，退休基金法之比較研究（總論）（各論）（行政院國家科學委員會委託研究報告）（1999年12月、2000年12月）。

[3] CAROLYN KAY BRANCATO, INSTITUTIONAL INVESTORS AND CORPORATE GOVERNANCE: BEST PRACTICES FOR INCREASING CORPORATE VALUE 12-19 (1997).

[4] *See* Bernard S. Black, *Agents Watch Agents: The Promise of Institutional Investor Voice*, 39 UCLA L. REV. 811 (1992).

[5] 近來有法學者對美國金融市場法制發展的政治背景著墨頗深，*see* Mark J. Roe, *A Political Theory of American Corporate Finance*, 91 COLUM. L. REV. 10 (1991).

[6] *See* Jayne W. Bernard, *Institutional Investors and the New Corporate Governance*, 69 N.C. L. REV. 1135, 1154-55 (1991).

[7] *See* Mary E. Kissane, Note, *Global Gadflies: Application and Implementations of U.S.-Style Corporate Governance Abroad*, 17 N.Y.L. SCH. J. INT'L & COMP. L. 621, 655, 665-66 (1997).

[8] Bernard S. Black & John C. Coffee, Jr., *Hail Britannia? Institutional Investor under Limited Regulation*, 92 MICH. L. REV. 1997, 2086-87 (1994)

第十二章　簽證會計師

「二〇〇一年十月二十二號星期一整天待在安隆之後，負責安隆查核工作小組的安達信合夥人們，十月二十三日在安達信德州休士頓辦公室中進行了文件的全部銷毀動作。安達信的人員被叫來開緊急且強迫性的會議。其中並沒有建議為了協助安隆與證管會來保存文件，相反地，安達信的安隆工作小組員工被安達信的合夥人們及其他人指示，馬上將文件銷毀。」
美國司法部檢察官對安達信會計師事務所有關安隆案銷毀證據的刑事起訴狀

本書最後章節要討論一個在公司治理特別是公司財務監督上的最重要構成員一簽證會計師。簽證會計師是公司治理內部機制與外部機制的一個橋樑，富有重要的使命。他是公司治理的內部機制，因爲會計師是公司聘請爲其查帳，矯正其財務疏失，監督其財務運作；可是會計師也是外部機制，因爲他是對主管機關與市場投資人負責，具有獨立性，不受公司干涉而發出意見書。大眾信賴他的意見才會相信公司的公開揭露內容。會計師負責查帳，反應在量化的財務報表上，而財務報表的各項目其實相當概括，對特別的事項才會以附註揭露，可說是公司經營的極度簡化量化的成果，外界對公司的內部運作並不知情，但我們相信會計師的背書，才使得這些公司的數據變得有意義。

但近年來會計師的業務變化很大，加上美國的財務醜聞，台灣也有財務預測的困擾，使得我們有必要對簽證會計師在公司治理上的實際問題加以檢視。

美國會計師事務所的轉型爭議

會計師事務所業務日趨多元

近十年來，美國會計師事務所的生態有急遽的變化，國際性事務所不斷整合後，僅剩「五大」（Big 5）—即Arthur Andersen（安達信，台灣加盟者為勤業）、Ernst & Young（台灣加盟者為致遠），KPMG（台灣加盟者為安侯建業）、（PricewaterhouseCoopers，簡稱PwC，台灣加盟者為資誠）與Deloitte & Touche（台灣加盟者為眾信聯合，現已與勤業合併，改稱勤業眾信），最重要的莫過於會計師事務所開始從事所謂「多元專業業務」（Multidisciplinary Practice，簡稱MDP）。MDP是指會計師事務所除了從事傳統及法定的公司會計查核簽證（即審計）以及稅務事務以外，也從事多元化的商業諮詢（包括法務、投資、理財、資訊科技、企業管理顧問、精算、市場調查等等），而後者即所謂的非查核業務，其營收已相當可觀。

美國證管會根據會計相關單位的統計，五大的所謂「管理顧問與類似服務」（management advisory & similar services，簡稱MAS，即非查核性服務），在一九九九年已達到一百五十億美元，估計在二〇〇一年已達到五大營收的一半；在一九八一年MAS費用收入僅佔五大營收的一三%；一九九三年至一九九九年MAS的成長率是二六%，相對於查核的九%與稅務的一三%。由於只有公開發行公司要被會計師查核，對此證管會也有統計：一九八四年，僅有一%的被查核公司所付出的MAS費用高過查核費用（當時是八大），一九九七年，被查核公司付給五大的MAS費用高過查核費用的家數也只有一・五%，但才兩年後的一九九九年，比率已升至四・六%；而同年五大從被查核公司所收取的MAS費用已佔其總營收的一〇%，但被五大所查核公司中有四分之三的公司並沒有接受其MAS服務，意味者四分之一的被查核公司的MAS費用就貢獻了五大事務所百分之十的總收入[1]。

如二〇〇〇年安隆付給安達信二千五百萬美元的查核費用，但非查核費用是二千七百萬元；二〇〇一年世界通訊付安達信的查核費用是四百四十萬美元，非查核費用是一千二百四十萬元（其中稅務費用七百六十萬元），而食品公司莎拉李付給安達信的查核費用是六百六十萬元，財務系統設計運作費用一千四百四十萬元，其他費用（含稅務費用）一千六百九十萬元，確實顯現了查核會計師事務所向客戶收取查核與 MAS 費用的不相稱情況。

多元業務的優點與律師界的反彈

會計師事務所 MDP 服務對客戶的最大好處可能就是享有一次購足（one-time shopping），而且是全球性的服務，滿足企業的多項需求。而在提供法律服務上，有很大的爭議（見下節），但也有論者（包括費雪院長）從功能性來看律師的角色，如果能對客戶有利，律師身處什麼樣的工作環境並不重要，而且律師業與會計師業下的法律諮詢者的共同競爭，應該會對美國的經濟發展帶來更大的好處[2]。

對於會計師事務所MDP業務反彈最大的就是律師業，至少是就其聘僱律師提供法律服務方面。主要的爭執點是美國律師公會（American Bar Association，簡稱爲ABA）制訂的職業道德規範與這些在會計師事務所服務的律師行爲衝突。因爲律師與客戶之關係有一些在美國民主法制下已形成了一種很強的職業規範，第一是遵守其專業的獨立性（這一點會計師亦不遑多讓），第二是對需要法律救助者提供義務性的協助（在美國各州有不同的立法或州律師公會的自律約束，每個事務所都有不同程度的參與；在台灣是自願式，但也很普遍，甚至包括法律系學生主導的法律服務社），第三點，也是最重要的一點，就是律師對客戶的資訊應予保密，此義務是絕對性的，譬如有某被告堅稱他是無辜的，律師爲他辯護，若在過程中知道委託人欺騙他，律師應該自動辭任，也不能在法庭上宣揚他有罪或向檢方檢舉，否則他會被取消律師資格，在民事上也會負不當執業（malpractice）的損害賠償責任。這種保密義務，是各種相關職業中（如醫師、心理治療師）最強的。但美國會計師沒有此等義務，因爲其獨立性是獨立於被查核客戶之外的。

比如說依據美國一九三四年證券交易法第十 A 條，會計師在查核作業中發現有違法之事或很可能會發生，應通報適當層級的管理階層、審計委員會與董事會處理，若這些人都怠於從事補救工作，而會計師認爲情節重大，應對董事會發出報告，而董事會應在次日內通知證管會並副知會計師，若該會計師未收到，就應該辭任（此時公司依法在五天內被迫申報 8-K 表，則大眾都會知道）或通知證管會。換言之，會計師有檢舉義務，與客戶的關係與律師顯著不同，這是法律所設計的獨立性，若律師在會計師事務所工作，就破壞了其職業道德。

如果會計師事務所的受僱律師實際從事查核，那麼律師職業道德規範或有意義，但如果他只是負責一般法務諮詢，對於有無違反職業道德還有商榷餘地。很明顯的，ABA 就其利益的考量下當然會反對會計師的越界。不過律師業的很多精神確實與會計師大相逕庭，如果純以功能考量或客戶導向或許會喪失律師背後的法律原則（商業化的結果），是不是必然對整體社會有益，也是值得深思的[3]。

美國證管會擔心多元業務

導致會計師不能維持獨立性

但是美國證管會對會計師近來的營業模式危及其獨立性感到極度不安，故在二〇〇一年二月公佈了其相關簽證會計師獨立性的法令增修與意見[4]。其立法分析中談得極為仔細，我們加以摘要其立場與佐證。

1. 會計師的經濟誘因已經改變。證管會甚至提出會計師公會的刊印的資料舉證，其竟然教導會計師要如何一步步從簽證人身份轉變成公司策略上事業諮詢者，提供他們更廣的資訊視野。而同時間，證管會也察覺事務所在從事所謂引誘策略—以低價格（甚至是賠本）的查核服務吸引顧客，然後培養關係，得到 MAS 的高額利潤。而公司證券法權威考菲教授作證指出，由於國會在一九九〇年代的兩次修法，以及聯邦最高法院的一個判決，使得簽證會計師的民刑事責任與被訴的可能都大幅減輕，造成他們違反獨立性的經濟上誘因大幅增加，而誘因改變其行為。
2. 某些非查核服務會潛在地危害獨立性。譬如會計師幫公司處理簿記事務，如何將來查核自己的「作品」；又如會計師幫忙 CFO 談受僱價碼（如薪資報酬），很難期待他在審計委員會上會質疑新就任 CFO 表現。

3. 投資人信心受影響。在對證券分析師、基金經理人與一般民眾的意見調查中，普遍對於會計師事務所的 MAS 感到不安。而如 CalPERS 與 TIAA-CREF 等重要機構投資人也都力促證管會限制會計師業務範疇。一些相關的州與聯邦的主管官員亦表達此看法。
4. 最後，證管會強調，會計師獨立性的規範是一種預防性的設計，不能等到弊端爆發才來收拾。

約在證管會草擬法案的前後，會計師業有許多的狀況發生。首先，證管會注意到有一些較小型的會計師事務所相互合併其查核部門，並向公眾投資人吸取資金；有些事務所將其查核部門以外的資產賣掉，成立一個新的財務顧問公司，然後僱用原事務所的合夥人與員工，再將其「租給」（含資產）已呈空殼的事務所，而在不同服務下用不同的名義，但其實是一個班子。而五大中的 Ernst & Young 將其管理顧問部門賣給總部在法國的一家電腦服務業的上市公司；KPMG 將其子顧問公司的股份賣給思科（Cisco）；PwC 將其顧問部門賣給 IBM（此顧問公司在台灣的加盟者爲普華）；安達信的顧問部門也獨立出來（並非因獨立性問題，而是內部不合）。有學者開始質疑此種分離，長期以後對只負責查核的事務所的獲利會有多大影響，尤其是查帳是一件單調枯燥的工作，如何吸引優秀的人才。是否以後查核費用會大幅提升，而且賣掉顧問業務是否就代表查核會計師不會從事 MDP/MAS 業務，都有待觀察[5]。

美國企業會計醜聞與國會的立法改革

上一節並沒有介紹美國證管會有關會計師獨立性的規範的實體內容是因爲那些規定已經過時，而有新的法律體系出現。引爆點當然就是在第三章所提的安隆案，以及後續的幾大案件，查核會計師都是指責的焦點（很巧，大多是安達信負責查核），所以二〇〇二年的國會，一反過去十年國會立法的寬鬆，制訂了二〇〇二年沙班尼斯－奧司雷法，其中有一個重要篇章就是對查核會計師的管理。其實有心人都會感覺，當會計師業形成寡占市場時，由八大便爲五大，又即將變成「最後四強」（Final Four，利用運動術語的調侃之詞），每家會計師事務所至少都有幾百家甚至上千家的客戶，要用會計師自律維持獨立性避免利益衝突，其實很困難。故國會以法律直接介入會計師業的管理（管理最後四強總比管理數千家企業容易），本書認爲是相當聰明的舉動，但法規範結構仍稱複雜，不過其性質類似對證券市場自律機構的管理（如交易所、證券商公會），故對證券市場管理稍有認識的人，應該會覺得這樣的管理成本較小但效率更高。

新設管理會計師的專責機構

在二〇〇二年沙班尼斯－奧司雷法第一〇一條，國會設立了公開發行公司會計監督委員會（Public Company Accounting Oversight Board，以下簡稱為 PCAOB）。PCAOB並非政府機關，而係依據聯邦哥倫比亞特區公司法所設立的非營利公司。

PCAOB的主要職責有七：(1)受理查核發行人之獨立會計師事務所的註冊；(2)建立發行人查核報告製作之相關查核、品質管制、職業道德、獨立性或其他標準之法規；(3)從事註冊會計師事務所的檢查；(4)從事對註冊會計師事務所及其附屬人（associated persons）的調查與懲戒程序以及處罰；(5)其他有助於提高註冊會計師的職業道德、查核品質以及保護投資人利益之工作；(6)執行註冊會計師事務所及其附屬人對本法、證券法律、PCAOB法規、專業標準有關的義務與責任以及查核報告的編製與簽發上的法令遵循；(7)建立預算及對會務運作與人員之管理。

PCAOB 由五位委員組成，選自有相當正直名望之人，能投注於公共與投資人之利益，並且了解在證券法要求下發行人財務揭露之本質與責任，以及了解會計師對上述揭露所準備、簽發查核報告之責任；委員中只能有二位具有會計師資格，而如果二位中的一位是 PCAOB 主席，其在任命前五年都不能實際從事會計師的業務，所有委員都是絕對專任。

第二○二條是規定對查核會計師事務所的註冊。根據此條文，以後想要幫公開發行公司查核簽證的會計師事務所必須先得到 PCAOB 的核准，而稱為註冊會計師事務所（registered accounting firm）。而一旦具有資格後，註冊會計師事務所就像證券市場的交易所與證券商一樣成為了管制事業(regulated industry)，要定期申報與對外揭露基本與重大事項，可以說將會計師事務所的營業完全攤在陽光下讓人檢視，主要的揭露內容有：(1)上個年度之查核發行人名稱、本年度擬查核之發行人名稱；(2)從上開每一發行人處每年所收取的查核費用、其他會計費用以及非查核服務費用；(3)PCAOB 所認定合理的事務所之其他最近已完成會計年度之現時財務資訊；(4)事務所對會計或查核實務之品質管制政策聲明書；(5)所有事務所中參與查核事務之會計師名冊，包括其執照或證書號碼，及事務所所在州的註冊字號；(6)有關事務所或其附屬人涉及查核報告而在進行中之民事、刑事、行政與懲處程序之資訊；(7)最近一年度查核公司向證管會申報有關其與事務所對與查核報告相關連的會計上歧見的副本；(8)其他 PCAOB 所指定認為對投資人保護或公益有必要之其他資訊。

第一○三條是對事務所行為的實質規範，可說是將證管會二○○一年的行動化諸法律，而且更為嚴格。首先在審計、品質管制以及職業道德準則上，PCAOB 會透過指定的專業團體或諮詢團體訂定或增、改這些標準（換句話說，所謂美國會計公正機構建立的相關與公認的準則的效力與位階已大幅降低），而且不限於這三大類。

此外，法律中還有特定的防止弊端規定，在查核（審計）標準部份：(1)相關查核資料（儘可能詳盡）要保存至少七年；(2)查核報告要有同意或第二合夥人的審查與核可，而此發出同意之核可，必須由事務所內之適格人（由 PCAOB 規定）發出，但該人並非負責查核者，也非獨立之審查者（由 PCAOB 規定）；(3)查核報告中要陳述查核者測試發行人之內部控制之結構與程序（參見本書第七章），並在查核報告或單獨之報告中說明測試得到的發現、評估以及發行人內部控制的（至少的）重大弱點以及測試中所發現重大之未遵循狀況（換言之，這不是公式化的樣板聲明，而是揭露公司的細部問題）。

而在品質管制準則部份，該法要求 PCAOB 對註冊會計師事務所就簽發查核報告部份，建立下列標準：(1)監控（monitor）其職業道德與獨立性；(2)事務所內就會計、查核問題之諮商；(3)監督查核作業；(4)人員的僱用、職業發展與升遷；(5)查核承諾之接受與進行；(6)內部檢查；(7)其他 PCAOB 之規定事項。

第一〇四條是賦予 PCAOB 對註冊會計師事務所的檢查權。本條最重要的是 PCAOB 的定期檢查（也有專案檢查）。如果註冊會計師事務所要爲一百個以上的發行人客戶提出查核報告者（最後四強屬之），每年都要檢查，少於一百者，每三年一次。檢查報告會送交證管會並對外公布（但會排除涉及營業祕密者）。

第一〇五條是關於 PCAOB 的調查與懲處程序，對此 PCAOB 有行政處罰權，包括(1)暫時或永久任何人在註冊會計師事務所的任職；(2)暫時或永久限制註冊會計師事務所或人的活動、功能與營運；(3)罰鍰，對自然人可至十萬美元，自然人以外之人二百萬美元；若是故意或過失屢犯者，自然人可至七十五萬美元，自然人以外之人一千五百萬美元；(4)警告；(5)要求額外之專業教育或訓練；(6)PCAOB 訂定而認爲適當的懲戒。 PCAOB 的懲處決定應通知證管會及州的會計師主管機關。對 PCAOB 決定不服者，依美國行政法法理，應先向證管會聲請審查（review，有如台灣的訴願，不服者再向聯邦法院起訴）[6]。

第一〇六條是對外國會計師事務所的規範。如果外國事務所爲發行人製作查核報告，那麼它原則上受PCAOB、證管會以及本法之規範，但如果不是它簽發，但是在製作上扮演了相當重要的角色，會視爲註冊會計師事務所，而受PCAOB之規定約束；而註冊會計師事務所的查核報告的全部或一部有相當程度依賴外國會計師事務所所發的意見或提供的服務，則該外國事務所視爲同意接受PCAOB或證管會之調查與提出查核文件以及美國法院就相關事務的管轄權，而註冊會計師事務所有義務提供上開外國事務所之資料，並以其作爲信賴其意見之交換協議。證管會與PCAOB有權無條件或有條件豁免外國會計師事務所之本法義務。

第一〇七條是證管會對 PCAOB 的監督權。PCAOB 被視爲證券交易法上的註冊證券業協會（美國證券商公會 NASD 即屬之），證管會對其訂定的法令有核准權，對其懲處決定有審查權與調整權以及其他的監督權限。

第一〇八條是修訂一九三四年證券交易法第十九條，規定證管會認可 PCAOB 所建立的會計原則與標準是一般公認的原則。換言之，其他機構所訂的公報等的位階已大幅降低，至少就發行公司的會計審計是如此。

第一〇九條是關於 PCAOB 的資金來源。主要是向發行人所收取的年度會計支援費（annual support fees）以及罰鍰收入。

二〇〇二年沙班尼斯－奧司雷法對會計師的管理有幾項特點，首先它利用 PCAOB 這種自律機構（self-regulatory organization）的設立，集中管理所謂的註冊會計師事務所，可以減輕證管會的負擔，更重要的是會計師事務所的帳不再是黑箱了，如同上市公司一般。第二，PCAOB 變成會計審計相關標準準則的訂定機構，其他會計師團體（特別是 AICPA）或是會計研究機構的角色淡出，顯示國會對會計師的不信任（會計師與企業影響準則的內容），這也表現在 PCAOB 的委員結構上。第三，國會以立法方式將許多較新或重要的審計基本精髓（如品質管制、職業道德）直接以法律明定，爲全世界首創，此位階的提升可以對會計師遵循法律有強化效果。

會計師獨立性的再次確認（與挫敗？）

二〇〇二年沙班尼斯－奧司雷法第二章就是針對查核會計師獨立性的規範，我們同樣加以扼要說明。

第二〇一條是增訂一九三四年證券交易法第十A條第(g)項（就是前面所說會計師有通報舉發義務的那一條），規定註冊會計師除非得到發行人審計委員會的事先核准，不得對查核發行人從事非查核的服務。而所謂非查核服務包含下列九種：(1)查核發行人之簿記或其他有關於會計紀錄或財務報表的服務；(2)財務資訊系統的設計與執行；(3)鑑定或評價服務、公平性報告、交易比較報告；(4)精算服務；(5)內部控制委外服務；(6)管理階層工作或人力資源；(7)證券商、投資顧問或投資銀行服務；(8)與查核不相關的法律或專業服務；(9)其他 PCAOB 認定不允許之其他服務。增訂第(g)項規定包含稅務在內的非查核服務，非經發行人審計委員會通過不得為之。而 PCAOB 可依個案以公益與保護投資人為原則下豁免註冊會計師的非查核服務限制。

第二〇二條則是增訂一九三四年證券交易法第十A條第(i)項，規定所有的查核與非查核服務都要經過發行人之審計委員會的事先同意。但是對非查核服務，則有所謂「微量條款」（de minimus exception）的放寬－如果所有的非查核服務只佔該會計年度發行人營收的五%以下，在從事時發行人不認為是非查核服務，且在服務完成前提交到審計委員會同意或經審計委員會所授權的委員同意，則事前同意之要求得以免除。審計委員會對非查核服務之事前同意要依證券法律對投資人揭露。而審計委員會也可授權其委員（獨立董事）負責事前同意之工作。

第二〇三條是增訂一九三四年法第十 A 條第(j)項，規定對同一發行人查核之主（或協調）查核合夥人（lead or coordinating partner）[7]或負責審查查核報告的查核合夥人[8]最少應每五年更換（輪調）。

第二〇四條則是規定註冊會計師對發行人審計委員會的報告義務，使雙方建立經常的聯繫，減少不當的會計作業。

第二〇六條增訂一九三四年法第十 A 條第(l)項，規定如果發行人的 CEO、CFO、會計長、稽核長或任何擔任相等職位之人，曾受僱於註冊會計師（不限於具會計師資格者）並在開始查核之前一年參與查核，則該事務所不得擔任該發行人的查核工作。這是對會計師事務所從業人員的旋轉門限制，以排除利益衝突。

看起來國會明確要求了會計師的獨立性，其實則未必，本章是一個妥協的結果，與當初證管會修訂的行政命令有很大的出入，而國會如此以法律定之，自然將證管會的規範歸於無效。爲什麼這樣講，證管會原先的要求是查核會計師事務所完全不能從事非查核業務（內容與此處的九種類似），但這裡打開了後門，就是只要審計委員會的獨立董事們事先說可就好，可是我們從本書的分析也知道，獨立董事是形式上的獨立，至於實質上如何，在美國的企業文化下要靠自由心證了。而且證管會另一個在意的，是會計師事務所的成員投資於發行人的有價證券或有其他的金錢利益，而造成獨立性的減損。一九九九年元月，證管會對 PwC 施以警告的處分，因爲它的查核會計師在查核時投資查核公司的有價證券，PwC 被命令外聘獨立顧問調查其內部疏失，發現類似問題十分嚴重[9]，因爲這不但有利益衝突，而且有內線交易的危機，對發行公司來講也會質疑會計師的道德操守（佔公司的便宜），所以證管會才會以破釜沈舟之心加以整頓。但由於國會的立法，證管會要如何調整，除了法規之增修以外，還要看其執法的成果而定。

美國會計師獨立性的最新發展

美國聯邦證管會經二〇〇二年沙班尼斯－奧司雷法第二〇八條的時效性（六個月內）命令授權，開始訂定相關的行政命令以落實國會的會計師獨立性之立法目標[10]，本書將主要重點整理如下。簡言之，會計師或其事務所有違反其對查核客戶的獨立性，會計師事務所本身不能擔任該客戶的審計工作。

會計師事務所人員與被查核客户先前之僱傭關係

前述之沙班尼斯－奧司雷法第二〇六條規定的發行人之 CEO 與高階財務主管曾受僱於註冊會計師（不限於具會計師資格者），並在開始查核之前一年參與查核，則該事務所不得擔任該發行人的查核工作。對此，證管會對此等曾在查核會計師事務所工作的發行公司主管建立更明確的指標，如果構成法文的影響或關連，則該事務所不具獨立性，該事務所不能擔任此發行公司的查核責任。

(A)會計師事務所的前合夥人、負責人、股東或專業受僱人目前在查核客戶處擔任會計角色或財務報告監督角色[11]，除非該自然人：

(1)並未影響會計師事務所的營運或財務政策；

(2)對會計師事務所並無資本權利或義務；

(3)除依下述一般性固定金額的給付外（其並非依賴會計師事務所的收益、獲利或盈餘），並沒有與會計師事務所有財務上的關連安排：

(i) 依據一個具充分資金的退休金計畫、退休金性質信託(rabbi trust)、或在退休金性質信託所不存在之法律管轄區域內之類似工具。

(ii) 若前專業受僱人並非會計師事務所的合夥人、負責人、股東，且與該事務所在五年內無關連，而對前專業受僱人無重大性。

(B)一會計師事務所的前合夥人、負責人、股東或專業受僱人目前在發行人處擔任財務報告監督之角色，除非該自然人：

(1) 在會計年度查核程序開始時之前一年受僱於發行人，但不是查核工作團隊的一員。此時間算入發行人查核工作團隊的最初受僱時間。

(2) 下列人員不屬於查核工作團隊成員(audit engagement team)[12]：

(i) 並非主合夥人（lead partner，指對該發行人的查核的主持合夥人）或協同合夥人（concurring partner，指對主持合夥人的查核負核可責任的合夥人），在前(1)的時期中提供審計、核閱、簽證服務少於十小時之人。

(ii) 自然人受僱於發行人是因爲受查核客戶之發行人與原該人的工作機構合併，假設該僱傭並非企業結合之企圖，且合併後發行人之審計委員會知悉此一先前的僱傭關係。

非審計業務（一）：簿記或其他與查核客戶會計記錄或財務報表相關之服務

除非合理地認定下述服務不會受查核客戶財務報表時的審計程序所拘束，否則都是使會計師不具獨立性：

(A) 保存或準備受查核客戶的會計紀錄。

(B) 準備受查核客戶向證管會申報的財務報表或構成向證管會申報的財務報表基礎之報表。

(C) 準備或形成來源資料，而爲受查核客戶財務報表之基礎。

非審計業務（二）：財務資訊系統之設計與執行

除非合理地認定下述服務不會受查核客戶財務報表時的審計程序所拘束，否則都是使會計師不具獨立性：

(A) 直接或間接操作或監督操作受查核客戶的資訊系統，或管理受查核客戶的當地網路。

(B) 設計或執行硬體或軟體系統，其能集合受查核客戶財務報表的來源資料或產生資訊，而此是對受查核客戶的財務報表或其他財務資訊的整體有相當重要性。

非審計業務（三）：鑑定或評價服務、公平性報告、交易比較報告

與前同，除非合理地認定這些服務或報告不會受查核客戶財務報表時的審計程序所拘束，否則都是使會計師不具獨立性。

非審計業務（四）：精算服務

任何源於精算的諮詢服務，而涉及記錄在受查核客戶的財務報表與科目中的金額的決定，但排除幫助客戶了解在計算金額時使用的方法、模型、假設與投入。除非合理地認定這些服務的結果不會受查核客戶財務報表時的審計程序所拘束，否則都是使會計師不具獨立性。

非審計業務（五）：內部稽核委外服務

如果受查核客戶將其內部會計控制、財務系統或財務報表相關的內部稽核委外給會計師承包，除非合理地認定這些服務或報告不會受查核客戶財務報表時的審計程序所拘束，否則都是使會計師不具獨立性。

非審計業務（六）：管理階層工作

如果會計師暫時性或永久性代理受查核客戶的董事、經理人或受僱人，或履行受查核客戶的決策、監督或繼續性監督工作者，則會計師不具獨立性。

非審計業務（七）：人力資源

下列皆使會計師不具獨立性：

(A) 搜尋或找出可能的主管、高階經理人或董事職務的候選人。

(B) 從事心理測驗或其他正式之測驗或評估計畫。

(C) 從事對高階經理人或董事之可能候選人之推薦人查證。

(D) 以受查核客戶的代表身份擔任談判者，決定如職務、職位、職銜、報酬、額外福利或其他僱傭條件等。

(E) 向受查核客戶推薦或建議對特定工作聘請特定候選人，但會計師事務所得經受查核客戶的請求，面試候選人，並對查核客戶有關候選人在財務會計、行政與（內部）控制職務上的能力提出建議。

非審計業務（八）：證券商、投資顧問或投資銀行服務

代表受查核客戶，以證券自營／經紀商（註冊或無註冊）、發起人、承銷商之身分，代表受查核客戶從事投資決

策或其他有全權處理受查核客戶的投資、執行交易來買賣受查核客戶的投資標的，或保管受查核客戶的資產，譬如暫時占有受查核客戶買入之有價證券。上述皆使會計師不具獨立性。

非審計業務（九）：法律服務

如果對受查核客戶所提供的服務，於提供時的狀態在提供地所屬的法律管轄區內僅能由執業律師所提供者，則會計師不具獨立性。

非審計業務（十）：其他與查核無關的專家服務

爲被查核客戶在訴訟、管理或行政程序或被調查中的利益，爲被查核客戶之法律代理人提供專家意見或其他專家服務皆使會計師不具獨立性。但在訴訟、管理或行政程序或被調查中，如果會計師提供的是爲被查核客戶提供服務的工作中，因其履行工作、解釋其所採行的立場或達成之結論，而提供的事實之記載，含證詞，則不視爲有損會計師的獨立性。

會計師輪調

下列皆使會計師不具獨立性：

(A) 主合夥人或協同合夥人超過連續性的五年從事該客戶之查核業務。

(B) 所有的查核合夥人[13]在前述五年期滿後，連續五年不得再擔任該客戶的主合夥人或協同合夥人。此稱爲冷卻期（cooling-off period）。

審計委員會對查核工作之管理

下列要件符合，會計師方具獨立性：

(A) 如果會計師在給予發行人或其子公司的查核或非查核服務前，應得到發行人審計委員會之同意。

(B) 上開服務係依據發行人審計委員會所建立之事前同意的政策與程序，且該政策與程序應對特定之服務有詳細規定，審計委員會也已被通知每一種的服務，且政策與程序中並沒有將其證券法之職責授權給管理階層。

(C) 提供非屬查核、核閱、簽證之服務，事前同意的要求得豁免之，但應符合下列要件：(1)此種服務收取之費用不超過查核客戶該會計年度收入的百分之五；(2)該服務在提供之時發行人並不知道是屬於非查核性服務；(3)在查核工作完成前，該服務已迅速提交至審計委員會並得到同意或提交至一或數位審計委員會成員並得到同意，其爲董事會成員，並被審計委員會授權有同意權者。

按本項的獨立性要求與國會立法大致相同。

會計師報酬

如果查核合夥人在查核或提供專業工作的任何時間，所收到或賺取的報酬是依據對受查核客戶工作中查核、核閱、簽證服務以外所提供的產品或服務，則會計師不具獨立性。

小結

美國證管會在依據二○○二年沙班尼斯－奧司雷法的授權對會計師獨立性的認定，嘗試平衡公平性與會計師／發行公司的利益與效率。前述法規利用一些指標判定獨立性。

第一種是財務人員的迴轉門，讓會計師離開事務所後進入所查核的發行公司工作（可能是會計師退休或離職後最合適的工作），則至少有一年的冷卻期；另一種類似的則是讓會計師輪調及輪調後有五年的冷卻期，這是大型會計師事務所行之有年的自律規範，目前則將之法律化，自然有其警惕效力，也是各國管理者思考的方向。美國也有論者認爲輪調無法解決會計師事務所整體與發行人間的利益衝突，而應定期更換事務所。不過這種論點會計師界反彈聲極高，企業界也認爲可能弊大於利（爲防止利益衝突與內線交易但使得公司與會計師成本過於龐大），且大型事務所數目不多，更換的實益不高，故國會在立法時未列入。

第二種指標則是較主觀的合理性。對於會計師事務所從事的 MAS 業務，證管會列出簿記、財務資訊系統、鑑定報告、精算、內部稽核委外等五類，如果會計師認爲不會影響其查核，則仍可從事。這種主觀規定至少與國會立法僅要求審計委員會事前同意的客觀要件相比，會給予會計師一定的心理壓力，至少會計師要評估潛在的法律責任，也就是使會計師本身要對獨立性負舉證責任，也是證管會在國會寬大條件下的限縮解釋。

第三種是對某些 MAS 服務，證管會則以客觀完全排除，這包括代行管理階層職務、人力資源、投資銀行／顧問，這些業務牴觸獨立性不僅在於完全超出會計師工作的本質，更嚴重的在於這些行爲使得會計師的角色模糊，有利用其角色互相在金錢、人事、權力上形成一個不可分割的利益體，也顯示了美國會計師業發展的複雜性與許多檯面下「不可說」的問題。

第四種是對會計師事務所從事法律業務的問題。很明顯證管會採取現實的觀點看待此一爭議。由於律師執業範圍爲州的管理權限，證管會將問題推給各州去解決，讓州的律師與會計師自行在州的政治中角力，譬如是否立法禁止會計師事務所聘請律師或禁止會計師事務所內僱律師代理客戶出庭而僅能從事非訟業務，還有待觀察。

第五種是發行公司董事會下的審計委員會有事先同意之責，此本係國會立法之客觀標準，證管會大致對此並無擴張或限縮解釋。

台灣簽證會計師的問題

實質的多元業務很普遍

台灣的問題與美國又有許多差別，我們在此不避諱的要說一下。

首先是美國吵得價響的查核與非查核業務的問題，由於會計師法第十五條的規定顯得含混（如第六款有所謂「代辦其他與會計有關之事項」)，會計師業務範圍其實很大。由於美國近來事務所將顧問業切割的趨勢，台灣的五大因其授權契約的關係，也有將其顧問部門獨立出去的例子（如冠以某某財務顧問公司)。可是這種分離似乎都是形式上的，有可能有非明文的默契，如中文名稱一樣或類似，英文的商標仍然掛原會計師事務所的服務標章（或類似的服務標章或名稱，使得雙方都對名稱有默契)，甚至乾脆說是該所的關係企業，更重要是其背後的出資人可能就是事務所的大老闆，其業務或人員交流十分普遍。而且這五大似都有其法務部門，有的是以獨立的法律事務所名義（但資源互享，包括利潤），但從名稱或外觀即可得知它是會計師事務所的關係人（affiliate），有的則置於財務顧問公司內。由於台灣目前對會計師或律師的自律職業道德的拘束與執行都很鬆散，且法規也不注意此等形式上的獨立性，所以潛在問題很大。

主管機關開始要求揭露費用

二〇〇二年十月證期會對「證券發行人財務報告編製準則」做了一些修正，其中有參考美國的作法要求發行公司揭露簽證會計師的費用，不過較為保守，必須是「非審計公費佔審計公費之比例達四分之一以上或非審計公費達新台幣五十萬元以上者，應揭露審計與非審計公費金額及非審計服務內容」。特別值得一提的是，台灣會計師將稅務服務費用列為審計費用之一種，在美國則否，因為稅務服務（包括稅務規劃、報稅代理等）與查核仍有本質上一定之利益衝突，美國法在費用揭露上，分成審計費用、審計相關費用、稅務費用與其他費用四大類[14]。稅務服務認定為非審計業務之一種，要得到審計委員會之事先許可，台灣相對則仍然妥協。

會計師法律責任之程度與範圍要釐清

至於實質獨立性與簽證會計師的責任部分，在台灣可說是過與不及都有。

會計師因故意或過失在執行職務上產生侵權行爲時，應負損害賠償責任，這是民法的基本原則，而會計師法、證券交易法等又有明確的違法態樣與構成要件規範，受損害者可不僅止於客戶（發行公司），也會延伸至市場上的投資人。

譬如說，發行公司依法公告財務預測，但預測有虛僞不實，會計師亦核閱不實，核閱會計師應依證券交易法第二十條第二、三項對善意的有價證券取得人或出賣人與發行人共同負損害賠償責任[15]。這時投資人若去告那兩位會計師（依證管法令，要有兩位查核），而會計師沒有錢怎麼辦。這時候依據民法對合夥的規範，在合夥財產不足清償時，是每一個合夥人都要負無限責任（即自己要掏出腰包來賠），可是有趣的是，台灣很多知名會計師與會計學者都以爲只要該查核會計師負責就好，其他人都沒有責任，顯見都不瞭解台灣會計師事務所的法律屬性[16]。

當然這樣的民事責任對非查核的其他會計師並不公平，所以宜採美國會計師事務所（律師事務所亦同）的有限責任合夥制（limited liability partnership, LLP）或專業公司（professional corporation），以符公平。以美國的安達信爲例，如果因爲安隆或是世界通訊案導致民事責任，除了實際查核的會計師負無限責任外，事務所最多宣布破產關門，不會牽扯到其他無辜的合夥人。

會計師界也反應台灣會計師爲搶上市公司的簽證，惡性競爭，致審計公費比諸國外有相當的落差，也造成品質之低落。主管機關似可調高聯合會計師事務所進入簽證市場的門檻，排除人力較少能力較差的事務所，但同時絕對要會計師事務所負絕對的行政法責任（如參考美國，不僅是對該簽證會計師撤銷其簽證資格，而是在嚴重時可撤銷該事務所的簽證權限）。

但是表面上台灣的會計師合夥人責任很重，到目前似乎還沒有任何一位會計師因查核不實坐牢或擔負民事賠償責任的，這裡有幾個關鍵。第一，查核作業非常技術，原告或檢方要舉證，則在專業能力上頗顯不足。第二，很可能主管機關對會計師有「特別待遇」，至少表面上是如此。爲什麼這樣講，我們都曉得，會計師的查核獨立性是市場信賴的倚柱，可是查核工作非常的繁重，證期會以及交易所又賦予它們許多額外的任務，如財務預測的核閱，有些甚至是非查核性的工作（如非財務會計的內部稽核監督、處分資產的意見等），其「或有責任」甚重，因而主管機關不欲太刁難。如通常會計師事務所人員買賣股票會在國外列爲內線交易的主要監視對象，在台灣則無此計畫。

當然最後一點，當發行公司刻意隱匿假造傳票時，查核者也是沒有辦法找出問題的，所以內部稽核與外部稽核的聯繫與共同的獨立性維繫，在實際審計作業上確實有重要性。

所以思考台灣的會計師制度的改革，還有相當多的問題待解決。尤其是當市場如此倚賴會計師背書的資訊，主管機關又如此倚賴會計師來分攤其職責，而會計業的公正機構在建立準則時又經常受到主管機關的影響，再加上會計師業自己的利益考量，會計師作爲公司治理平衡內外監督的機制，可說是十分辛苦而危險。

---

[1] *See* SEC, Final Rule: Revision of the Commission's Auditor Independence Requirements, Release Nos. 33-7919; 34-43602; 35-27279; IC-24744; IA-1911; FR-56 (Feb. 5, 2001). 證管會發布的訂立理由說明與條文竟有一九九頁之多，畢竟此行政命令影響甚具，有超過三千封的外界評論意見，故其不厭其詳地表達並爲自己的立場辯護，可說相當透徹，即使是註釋就有六八九個。美國行政法制程序

之嚴謹，足令台灣的行政機關汗顏。

[2] *See, e.g.*, Peter C. Kostant, *Paradigm Regained: How Competition from Accounting Firms May Help Corporate Attorneys to Recapture the Ethical High Ground*, 20 PACE L. REV. 43 (1999); Charles W. Wolfram, *The ABA and MDPs: Context, History, and Process*, 84 MINN. L. REV. 1625 (2000); Fischel, *Multidisciplinary Practice*, 55 BUS. LAW. 951 (2000).

[3] 這裡有一位名律師在當時的 MDP 爲主流的不利環境下提出重建律師道德的呼籲，令人感佩，並著文反駁費雪院長的立論，還好國會立法最後終於站在他這邊（雖然有妥協）,從文章的篇名就可看到他對會計師業的強烈感受。*See* Lawrence J. Fox, *Accountants, the Hawks of the Professional World: They Foul Our Nest and Theirs Too, Plus Other Ruminations on the Issue of MDPs*, 84 MINN. L. REV. 1097 (1999); Fox, *Dan's World: A Free Enterprise Dream; An Ethics Nightmare*, 55 BUS. LAW. 1533 (2000).

[4] *See supra* note 1.

[5] *See* Tamar Frankel, *Accountants' Independence: The Recent Dilemma*, 2000 COLUM. L. REV. 261, 273-74 (2000).

[6] *See* HAZEN, Chapter 6, note 1, at 890-91.

[7] 依據美國證管會的法規解釋，主（協調）合夥人是指對查核或審查負主要責任之合夥人。*See* Rule 2-01(f)(7)(ii)(A) of Regulation S-X, 17 C.F.R § 210.2-01(f)(7)(ii)(A) (2003).

[8] 美國證管會的法規將此種合夥人稱爲協同或審查合夥人 (concurring or reviewing partner)，其爲履行第二級的審查，以提供額外之保障，使得受查核或審查之財務報表能與一般公認會計原則相符，且查核或審查以及任何附隨之報告能與一般公認審計原則及證管會或 PCAOB 之法規相符。*See* Rule 2-01(f)(7)(ii)(B) of Regulation S-X, 17 C.F.R §

210.2-01(f)(7)(ii)(B) (2003).

[9] *See*, Frankel, *supra* note 5, at 266-68.

[10] *See* SEC, Final Rule: Strengthening the Commission's Requirements Regarding Auditor Independence, Releases Nos. 33-3183; 34-47265; 35-27642; IC-25915; IA-2103, FR-68 (Jan. 28, 2003).

[11] 財務報告監督角色（financial reporting oversight role）是證管會對二〇〇二年沙班尼斯－奧司雷法第二〇六條的擴張解釋，依其定義，是指一個人在其職位上可以或確實對財務報表之內容或準備報表之人運用影響力。如董事會或類似管理階層或機關的成員、執行長、總裁、財務長、營運長、法律總顧問、會計長、稽核長、內部稽核主管、財報主管、出納主管，或相等職務者。*See* Rule 2-01(f)(3)(ii) of Regulation S-X, 17 C.F.R § 210.2-01(f)(3)(ii) (2003).

[12] 依證管會的規定，所謂查核工作團隊是指參與對一受查核客戶的查核、審查、簽證工作的所有合夥人、主管、股東或專業受僱人，包括查核合夥人、以及所有在上述工作中與他人諮商有關技術性或產業特定性之議題、交易或事件之所有人。*See* Rule 2-01(f)(7)(i) of Regulation S-X, 17 C.F.R § 210.2-01(f)(7)(i) (2003).

[13] 依證管會的規定，所謂查核合夥人，是在查核工作團隊中對影響財務報表之重大審計、會計或報告事項具有決策權，或與管理階層與審計委員會維持固定的接觸之合夥人或相同地位之人。除了主合夥人與協同合夥人外，負責發行人子公司有關查核或審查年度或期中財務報表的主合夥人，若該子公司的資產或營收占發行人合併資產或收益的百分之二十以上者，該人亦爲查核合夥人（另對共同基金公司查核會計師有特別規定，本書爲避免混淆，茲從略）。 *See* Rule 2-01(f)(7)(ii) of Regulation S-X, 17 C.F.R § 210.2-01(f)(7)(ii) (2003).

---

[14] *See* Schedule 14A, Item 9(e) of § 240.14a-101 (2003).

[15] 同說，余雪明，第四章註五，頁 527-28；不同意見見黃銘傑，「從安隆案看我國會計師民事責任」，月旦法學第 85 期， 2002 年 6 月頁 105，，110-111。黃教授認爲第二十條第二項以發行人爲詐欺主體，故不能繩以其他人。這裡其實是台灣法律條文文字過於簡化，經常忽略了主詞所致（不重視中文文法）。第二項的主詞實被虛化，發行人是形容詞形容受詞（財務報告），「發行人申報或公告之財務報告，其內容不得有虛僞或隱匿之情事」。這個句子是被動式，沒有主詞（即英文的 by whom）。所以才會有第三項「違反前兩項規定者，對於該有價證券之善意取得人或出賣人因而所受之損害，應負賠償之責」。這句話第一段的「・・・者」是主詞，而核閱會計師的不實報告納入了發行人的申報文件中，當然應依本項負責。

[16] 黃銘傑，前註十五，頁 114，註釋二十所引會計人士的觀點。

附錄：上市上櫃公司治理實務守則

中華民國九十一年九月二十六日財政部證券暨期貨管理委員會台財證一字第 0910004984 號函
中華民國九十一年十月四日臺灣證券交易所股份有限公司(91)台證上字第 025298 號函訂定發佈全文 65 條

第一章　總則

第一條　為協助上市上櫃公司建立良好之公司治理制度，並促進證券市場健全發展，臺灣證券交易所股份有限公司（以下簡稱證券交易所）及財團法人中華民國證券櫃檯買賣中心（以下簡稱櫃檯買賣中心）爰共同制定本守則，以資遵循。

第二條　上市上櫃公司建立公司治理制度，除應遵守相關法令外，應依下列原則為之：

一、　保障股東權益。

二、　強化董事會職能。

三、　發揮監察人功能。

四、　尊重利害關係人權益。

五、　提昇資訊透明度。

第三條　上市上櫃公司應遵守法令及章程之規定，暨與證券交易所或櫃檯買賣中心所簽訂之契約約定及相關規範事項。

第四條　上市上櫃公司應建立完備之內部控制制度並有效執行，除確實辦理自行檢查作業外，董事會及管理階層應至少每年檢討各部門自行檢查結果及稽核單位之稽核報告，監察人並應關注及監督之。

上市上櫃公司管理階層應重視內部稽核單位與人員，賦予充分權限，促其確實檢查、評估內部控制制度之缺失及衡量營運之效率，以確保該制度得以持續有效實施，並協助董事會及管理階層確實履行其責任，進而落實公司治理制度。

第二章　保障股東權益

第一節　鼓勵股東參與公司治理

第五條　上市上櫃公司執行公司治理制度應以保障股東權益為最大目標，並公平對待所有股東。

上市上櫃公司應建立能確保股東對公司重大事項享有充分知悉、參與及決定等權利之公司治理制度。

第六條　上市上櫃公司應依照公司法及相關法令之規定召集股東會，並制定完備之議事規則（含１會議通知２簽名簿等文件備置３確立股東會開會應於適當地點及時間召開之原則４股東會主席、列席人員５股東會開會過程錄音或錄影之存證６股東會召開、議案討論、股東發言、表決、監票及計票方式７會議紀錄及簽署事項８對外公告９關係人股東之迴避制度１０股東會之授權原則１１會場秩序之維護等)，對於應經由股東會決議之事項，須按議事規則確實執行。

上市上櫃公司之股東會決議內容應符合法令及公司章程規定。

第七條　上市上櫃公司董事會應妥善安排股東會議題及程序，股東會應就各議題之進行酌予合理之討論時間，並給予股東適當之發言機會。

董事會所召集之股東會，宜有董事會過半數之董事參與出席。

第八條　上市上櫃公司應鼓勵股東參與公司治理，並使股東會在合法、有效、安全之前提下召開。上市上櫃公司應透過各種方式及途徑，並充分採用科技化之訊息揭露方式，藉以提高股東出席股東會之比率，暨確保股東依法得於股東會行使其投票權。

第九條　上市上櫃公司應依照公司法及相關法令規定記載股東會議事錄，股東對議案無異議部分，應記載「經主席徵詢全體出席股東無異議照案通過，當事人如仍有爭執請循司法途徑解決」；股東對議案有異議部分，應載明採票決方式及通過表決權數與權數比例。董事、監察人之選舉，應載明採票決方式及當選董事、監察人之當選權數。股東會議事錄在公司存續期間應永久妥善保存，並宜在公司網站上揭露。

第十條　股東會主席應充分知悉及遵守公司所訂議事規則，並維持議程順暢，不得恣意宣布散會。

為保障多數股東權益，遇有主席違反議事規則宣布散會之情事者，董事會其他成員宜迅速協助出席股東依法定程序，以出席股東表決權過半數之同意推選一人為主席，繼續開會。

第十一條　上市上櫃公司應重視股東知的權利，並確實遵守資訊公開之相關規定，將公司財務、業務及內部人之持股情形，經常且即時地利用公開資訊觀測站之資訊系統提供訊息予股東。

第十二條　股東應有分享公司盈餘之權利。為確保股東之投資權益，股東會得選任檢查人查核董事會造具之表冊、監察人之報告，並決議盈餘分派或虧損撥補，上市上櫃公司之董事會、監察人及經理人對於檢查人之查核作業應充分配合，不得拒絕。

第十三條　上市上櫃公司取得或處分資產、從事衍生性商品交易、資金貸與他人、為他人背書或提供保證等重大財務業務行為，應依相關法令規定辦理，並訂定相關作業程序，提報股東會，以維護股東權益。

第十四條　為確保股東權益，上市上櫃公司宜設置專責人員處理股東建議、疑義及糾紛事項。

上市上櫃公司之股東會、董事會決議違反法令或公司章程，或其董事、監察人、經理人執行職務時違反法令或公司章程之規定，致股東權益受損者，公司對於股東依法提起訴訟情事，應客觀妥適處理。

第二節　公司與關係企業間之公司治理關係

第十五條　上市上櫃公司與關係企業間之人員、資產及財務之管理權責應予明確化，並確實辦理風險評估及建立適當之防火牆。

第十六條　上市上櫃公司之經理人除法令另有規定外，不應與關係企業之經理人互為兼任。

董事為自己或他人為屬於公司營業範圍內之行為，應對股東會說明其行為之重要內容，並取得其許可。

第十七條　上市上櫃公司應按照相關法令規範建立健全之財務、業務及會計管理制度，並應與其關係企業就主要往來銀行、客戶及供應商妥適辦理綜合之風險評估，實施必要之控管機制，以降低信用風險。

第十八條　上市上櫃公司與其關係企業間有業務往來者，應本於公平合理之原則，就相互間之財務業務相關作業訂定書面規範。對於簽約事項應明確訂定價格條件與支付方式，並杜絕非常規交易情事。

上市上櫃公司與關係人及其股東間之交易或簽約事項亦應依照前項原則辦理，並嚴禁利益輸送情事。

第十九條　對上市上櫃公司有控制能力之法人股東，應遵守下列事項：

一、　對其他股東應負有誠信義務，不得直接或間接使公司為不合營業常規或其他不法利益之經營。

二、　應訂定相關之執行職務守則及投票政策，供其代表人遵循，於參加股東會時，本於誠信原則及所有股東最大利益，行使其投票權，或於擔任董事、監察人時，能踐行董事、監察人之忠實與注意義務。

三、　對公司董事及監察人之提名，應遵循相關法令及公司章程規定辦理，不得逾越股東會、董事會之職權範圍。

四、　不得不當干預公司決策或妨礙經營活動。

五、　不得以壟斷採購或封閉銷售管道等不公平競爭之方式限制或妨礙公司之生產經營。

第二十條　上市上櫃公司應隨時掌握持有股份比例較大以及可以實際控制公司之主要股東及主要股東之最終控制者名單。

上市上櫃公司應定期揭露主要股東有關質押、增加或減少公司股份，或發生其他可能引起股份變動之重要事項，俾其他股東進行監督。

第三章　強化董事會職能

第一節　董事會結構

第二十一條 上市上櫃公司之董事會應向股東會負責，其公司治理制度之各項作業與安排，應確保董事會依照法令、公司章程之規定或股東會決議行使職權。

上市上櫃公司之董事會結構，應就公司經營發展規模及其主要股東持股情形，衡酌實務運作需要，決定適當董事席次。設立獨立董事，應審慎考慮合理之專業組合及其獨立行使職權之客觀條件。

董事會成員應普遍具備執行職務所必須之知識、技能及素養。為達到公司治理之理想目標，董事會整體應具備之能力如下：

一、　營運判斷能力。

二、　會計及財務分析能力。

三、　經營管理能力。

四、　危機處理能力。

五、　產業知識。

六、　國際市場觀。

七、　領導能力。

八、　決策能力。

第二十二條　上市上櫃公司章程應依公司法規定制定公平、公正、公開之董事選任程序，並宜明定實施準則，依公司法規定採用累積投票制度或其他足以充分反應股東意見之選舉方式。

上市上櫃公司對於董事會最低席次及其中獨立董事所占比例及資格條件、認定標準等事項，應依證券交易所或櫃檯買賣中心規定辦理。

第二十三條　上市上櫃公司在召開股東會進行董事改選之前，宜就股東推薦之董事候選人之資格條件、學經歷背景及有無公司法第三十條所列各款情事等事項，事先確實審查並揭露審查結果，俾選出適任之董事。

第二十四條　上市上櫃公司董事長及總經理之職責應明確劃分。

董事長及總經理不宜由同一人擔任。如董事長及總經理由同一人或互為配偶或一等親屬擔任，則宜增加獨立董事席次。

第二節　獨立董事制度

第二十五條　上市上櫃公司應規劃適當獨立董事席次，並由股東推薦符合證券交易所或櫃檯買賣中心規定資格之自然人，經董事會客觀評估後，由股東會選舉後產生。

上市上櫃公司如有設置常務董事者，常務董事中獨立董事應不低於一人。

董事會應確保董事任期內獨立董事能達到規定之席次與比例。如有不足時，應依證券交易所或櫃檯買賣中心之規定，適時辦理增補選事宜。

第二十六條　上市上櫃公司應明定獨立董事之職責範疇及賦予行使職權之有關人力

物力。公司或董事會其他成員，不得限制或妨礙獨立董事執行職務。

上市上櫃公司應於章程或依股東會決議明訂董事之薪資報酬，對於獨立董事得酌訂與一般董事不同之合理薪資報酬。

第三節　審計委員會及其他專門委員會

第二十七條　為達成公司治理之目標，上市上櫃公司董事會之主要任務如下：

一、　訂定有效及適當之內部控制制度。

二、　選擇及監督經理人。

三、　審閱公司之管理決策及營運計畫。

四、　審閱公司之財務目標。

五、　監督公司之營運結果。

六、　監督及處理公司所面臨之風險。

七、　確保公司遵循相關法規。

八、　規劃公司未來發展方向。

九、　建立與維持公司形象及善盡社會責任。

十、　選任會計師或律師等專家。

第二十八條　上市上櫃公司董事會為健全監督功能及強化管理機能，得考量董事會規模及獨立董事人數，設置各類功能性專門委員會，並明定於章程。

專門委員會應對董事會負責，並將所提議案交由董事會決議。

專門委員會應訂定行使職權規章，經由董事會通過。行使職權規章之內容至少包括委員會之權限及責任，行使職權過程(組織地位、委員之資格條件、行使職權資源、行使職權流程等)，及每年覆核與評估是否更新行使職權規章之政策。

第二十九條　上市上櫃公司公司宜優先設置審計委員會，其主要職責如下：

一、　檢查公司會計制度、財務狀況及財務報告程序。

二、　審核取得或處分資產、從事衍生性商品交易、資金貸與他人及為他人背書或提供保證等重大財務業務行為之處理程序。

三、　與公司簽證會計師進行交流。

四、　對內部稽核人員及其工作進行考核。

五、　對公司之內部控制進行考核。

六、　評估、檢查、監督公司存在或潛在之各種風險。

七、　檢查公司遵守法律規範之情形。

八、　審核本守則第三十四條所述涉及董事利益衝突應迴避表決權行使之交易，特別是重大關係人交易、取得或處分資產、從事衍生性商品交易、資金貸與他人、為他人背書或提供保證及成立以投資為目的投資公司等。

九、　評核會計師之資格並提名適任人選。

十、　審計委員會應有一名以上獨立董事參與，並由獨立董事擔任召集人。開會時宜邀請獨立監察人列席。

十一、前項之獨立董事應至少有一名具有會計或財務專業背景。

第三十條　上市上櫃公司應選擇專業、負責且具獨立性之簽證會計師，定期對公司之財務狀況及內部控制實施查核。公司針對會計師於查核過程中適時發現及揭露之異常或缺失事項，及所提具體改善或防弊意見，應確實檢討改進。

上市上櫃公司應定期（至少一年一次）評估聘任會計師之獨立性。公司連續多年未更換會計師或其受有處分或有損及獨立性之情事者，應考量有無更換會計師之必要，並就結果提報董事會。

第三十一條 上市上櫃公司應委任專業適任之律師，提供公司適當之法律諮詢服務，或協助董事會、監察人及管理階層提昇其法律素養，避免公司及相關人員觸犯法令，促使公司治理作業在相關法律架構及法定程序下運作。

遇有董事、監察人或管理階層依法執行業務涉有訴訟或與股東之間發生糾紛情事者，公司應視狀況委請律師予以協助。

第四節　董事會議事規則及決策程序

第三十二條 為業務需要，上市上櫃公司宜至少二個月召開董事會一次，遇有緊急情事時並得隨時召集之。

上市上櫃公司應制定董事會議事規則（含１會議通知２簽名簿等文件備置３確立董事會開會地點及時間之原則４董事會主席、列席人員５董事會開會過程錄音或錄影之存證６董事會召開、議案討論、董事發言、表決、監票及計票方式７違反本規定之表決權計算方式８會議紀錄及簽署事項９董事之利益迴避制度１０董事會之授權原則等)，並提報股東會，以提昇董事會之運作效率及決策能力。

第三十三條 上市上櫃公司定期召開之董事會應事先規劃並擬訂會議議題，按規定時間通知所有董事及監察人，並提供足夠之會議資料。

如有董事二人以上認為議題資料不充足，並經獨立董事一名以上同意時，得向董事會提出申請，要求延期審議該項議案者，董事會應予採納。

第三十四條 董事應秉持高度之自律，對董事會所列議案如涉有董事本身利害關係致損及公司利益之虞時，即應自行迴避，不得加入表決，亦不得代理其他董事行使其表決權。董事間亦應自律，不得不當相互支援。

董事自行迴避事項，應明訂於董事會議事規則。

第三十五條 上市上櫃公司召開董事會時，應備妥相關資料供與會董事隨時查考。

董事會討論取得或處分資產、從事衍生性商品交易、資金貸與他人及為他人背書或提供保證等重大財務業務行為時，應充分考量審計委員會或　　獨立董事之意見，並將其同意或反對之意見與理由列入會議紀錄。

董事會進行中非擔任董事之相關部門經理人員應列席會議，報告目前公司業務概況及答覆董事提問事項，以協助董事瞭解公司現況，作出適當決議。

第三十六條 上市上櫃公司董事會之議事人員應確實整理及記錄會議報告。

董事會各議案之議事摘要、決議方法與結果，應依相關規定詳實、完整記載。會議紀錄須有出席之董事和記錄人員簽名。

董事會會議紀錄應列入公司重要檔案，在公司存續期間永久妥善保存。

董事會之決議違反規定，致公司受損害時，經表示異議之董事，有紀錄或書面聲明可證者，免其賠償之責任。

第三十七條 上市上櫃公司應衡酌董事會之規模及需要，依公司法相關規定設置常務董事。

上市上櫃公司章程應明訂常務董事會或董事長在董事會休會期間行使董事會職權之授權範圍，其授權內容或事項應具體明確，不得概括授權，且涉及公司重大利益事項，仍應經由董事會之決議。

常務董事在董事會休會期間應積極執行業務，促進公司治理之持續有效運作。

第三十八條 上市上櫃公司應將董事會之決議辦理事項明確交付適當之執行單位或人員，要求依計畫時程及目標執行，同時列入追蹤管理，確實考核其執行情形。

董事會應充分掌握執行進度，並於下次會議進行報告，俾董事會之經營決策得以落實。

第五節　董事之忠實注意義務與責任

第三十九條 董事會成員應忠實執行業務及盡善良管理人之注意義務，並以高度自律及審慎之態度行使職權，對於公司業務之執行，除依法律或公司章程規定應由股東會決議之事項外，應確實依董事會決議為之。

董事會決議涉及公司之經營發展與重大決策方向者，須審慎考量，並不得影響公司治理之推動與運作。

獨立董事應按照相關法令及公司章程之要求執行職務，以維護公司及股東權益。

第 四十 條 董事會決議如違反法令、公司章程，經繼續一年以上持股之股東或獨立董事請求或監察人通知董事會停止其執行決議行為事項者，董事會成員應儘速妥適處理或停止執行相關決議。

董事會成員發現公司有受重大損害之虞時，應依前項規定辦理，並立即向監察人報告。

第四十一條 上市上櫃公司董事會之全體董事合計持股比例應符合法令規定，各董事股份轉讓之限制、質權之設定或解除及變動情形均應依相關規定辦理，各項資訊並應充分揭露。

第四十二條 上市上櫃公司經由股東會決議通過後，得為董事購買責任保險，以降低並分散董事因違法行為而造成公司及股東重大損害之風險。

第四十三條 董事會成員應依證券交易所或櫃檯買賣中心規定於新任時或任期中持續參加法律、財務或會計專業知識進修課程，並責成各階層員工加強專業及法律知識。

董事會成員之進修情形應充分揭露，並與任期中之工作績效，同時作為股東選任下屆董事之參考。

第四章　發揮監察人功能

第一節　監察人之職能

第四十四條　上市上櫃公司章程應依公司法規定制定公平、公正、公開之監察人選任程序，並宜明定實施準則，依公司法規定採用累積投票制度或其他足以充分反應股東意見之選舉方式。

上市上櫃公司全體監察人合計持股比例應符合法令規定，各監察人股份轉讓之限制、質權之設定或解除及變動情形均應依相關規定辦理，各項資訊並應充分揭露。

上市上櫃公司對於監察人最低席次及其中獨立監察人所占比例及資格條件、認定標準等事項，應依證券交易所或櫃檯買賣中心規定辦理。

第四十五條　上市上櫃公司章程訂定監察人人數時，應就整體適當人數酌作考量，擔任監察人者須具備豐富之專業知能、工作經驗以及誠信踏實、公正判斷之態度，並確實評估能有足夠之時間與精力投入監察人工作。

第四十六條　監察人應熟悉有關法律規定，明瞭公司董事之權利義務與責任，及各部門之職掌分工與作業內容，並經常列席董事會監督其運作情形且適時陳述意見，以先掌握或發現異常情況。

上市上櫃公司如設有常駐監察人者，應明定其職責範圍，以發揮常駐監察人之功能。

第四十七條　監察人應監督公司業務之執行及董事、經理人之盡職情況，俾降低公司財務危機及經營風險。

董事為自己或他人與公司為買賣、借貸或其他法律行為時，應由監察人為公司之代表。如有設置獨立監察人時，為加強監督，宜由獨立監察人為公司之代表。

第四十八條 監察人得隨時調查公司業務及財務狀況，公司相關部門應配合提供查核所需之簿冊文件。

監察人查核公司財務、業務時得代表公司委託律師或會計師審核之，惟公司應告知相關人員負有保密義務。

董事會或經理人應依監察人之請求提交報告，不得以任何理由妨礙、規避或拒絕監察人之檢查行為。

監察人履行職責時，上市上櫃公司應提供必要之協助，其所需之合理費用應由公司負擔。

各監察人分別於不同時間行使其監察權時，不得要求採取一致性之檢查動作或拒絕再次提供資料。

第四十九條 為利監察人及時發現公司可能之弊端，上市上櫃公司應建立員工、股東及利害關係人與監察人之溝通管道。

監察人發現弊端時，應及時採取適當措施，如為防止弊端擴大並應向相關主管機關或單位舉發。

上市上櫃公司之獨立董事、總經理、財務或會計主管、簽證會計師如有請辭或更換時，監察人應深入了解其原因。

監察人怠忽職務，致公司受有損害者，對公司負賠償責任。

第 五十 條 上市上櫃公司之各監察人分別行使其監察權時，基於公司及股東權益之整體考量，認有交換意見之必要者，得定期或不定期召開會議。

上市上櫃公司召開前項會議，應制定完善之議事規則，並提報股東會，以提昇議事效率。各次會議之議事錄並應永久妥善保管。

第五十一條 上市上櫃公司經由股東會決議通過後，得為監察人購買責任保險，以降低並分散監察人因違法行為而造成公司及股東重大損害之風險。

第五十二條 監察人應依證券交易所或櫃檯買賣中心有關規定於新任時或任期中持續參加法律、財務或會計專業知識進修課程。

監察人之進修情形應予充分揭露，並與任期中之工作績效，同時作為股東選任下屆監察人之參考。

第二節　　獨立監察人制度

第五十三條 上市上櫃公司應規劃適當獨立監察人席次，並由股東推薦符合證券交易所或櫃檯買賣中心規定資格之自然人，經董事會客觀評估後，由股東會選舉後產生。

董事會應確保監察人任期內獨立監察人能達到規定之席次與比例，如有不足時，應依證券交易所或櫃檯買賣中心規定適時辦理增補選事宜。

獨立監察人宜在國內有住所，以即時發揮監察功能。

第五十四條 上市上櫃公司應於章程或經股東會決議明訂監察人之薪資報酬，對於獨立監察人得酌訂與一般監察人不同之合理薪資報酬。

上市上櫃公司應重視並充分發揮獨立監察人之功能，以加強公司風險管理及財務、營運之控制。

第五章　尊重利害關係人權益

第五十五條　上市上櫃公司應與往來銀行及其他債權人、員工、消費者、供應商、社區或公司之利益相關者，保持暢通之溝通管道，並尊重、維護其應有之合法權益。

當利害關係人之合法權益受到侵害時，公司應秉誠信原則妥適處理。

第五十六條　對於往來銀行及其他債權人，應提供充足之資訊，以便其對公司之經營及財務狀況，作出判斷及進行決策。當其合法權益受到侵害時，公司應正面回應，並以勇於負責之態度，讓債權人有適當途徑獲得補償。

第五十七條　上市上櫃公司應建立員工溝通管道，並鼓勵員工與管理階層、董事或監察人直接進行溝通，適度反映員工對公司經營及財務狀況或涉及員工利益重大決策之意見。

第五十八條　上市上櫃公司在保持正常經營發展以及實現股東利益最大化之同時，應關注消費者權益、社區環保及公益等問題，並重視公司之社會責任。

第六章　提升資訊透明度

第一節　強化資訊揭露

第五十九條　資訊公開係上市上櫃公司之重要責任，公司應確實依照相關法令、公司章程、證券交易所或櫃檯買賣中心之規定，忠實履行其義務。

第 六十 條 上市上櫃公司應建立公開資訊之網路申報作業系統，指定專人負責公司資訊之蒐集及揭露工作，並建立發言人制度，以確保可能影響股東及利害關係人決策之資訊，能夠及時允當揭露。

第六十一條 為提高重大訊息公開之正確性及時效性，上市上櫃公司應選派全盤瞭解公司各項財務、業務或能協調各部門提供相關資料，並能單獨代表公司對外發言者，擔任公司發言人及代理發言人。

上市上櫃公司應設有一人以上之代理發言人，且任一代理發言人於發言人未能執行其發言職務時，應能單獨代理發言人對外發言，但應確認代 理順序，以免發生混淆情形。

為落實發言人制度，上市上櫃公司應明訂統一發言程序，並要求管理階層與員工保守財務業務機密，不得擅自任意散布訊息。

遇有發言人或代理發言人異動時，應即辦理資訊公開。

第六十二條 為運用網際網路之便捷性，上市上櫃公司應架設網站，建置公司財務業務相關資訊及公司治理資訊，以利股東及利害關係人等參考。

網站應設專人負責維護，所列資料有異動時，應即時更新，以避免有誤導之虞。

第六十三條 上市上櫃公司召開法人說明會，應依證券交易所或櫃檯買賣中心之規定辦理，並宜以錄音或錄影方式，將說明會過程放置公司網站，以利查詢。

第二節　　公司治理資訊揭露

第六十四條 上市上櫃公司應依相關法令及證券交易所或櫃檯買賣中心規定，揭露年度內公司治理之相關資訊，其項目如下：

一、　公司治理之架構及規則。

二、　公司股權結構及股東權益。

三、　董事會之結構及獨立性。

四、　董事會及經理人之職責。

五、　監察人之組成、職責及獨立性。

六、　利害關係人之權利及關係。

七、　對於法令規範資訊公開事項之詳細辦理情形。

八、　公司治理之執行成效和本守則規範之差距及其原因。

九、　改進公司治理之具體計畫及措施。

十、　其他公司治理之相關資訊。

第七章　　附則

第六十五條 上市上櫃公司應隨時注意國內與國際公司治理制度之發展，據以檢討改進公司所建置之公司治理制度，以提昇公司治理成效。

參考書目

英文書籍

Margaret M. Blair, Ownership and Control: Rethinking Corporate Governance for the Twenty-First Century (1995)

Carolyn Kay Brancato, Institutional Investors and Corporate Governance: Best Practices for Increasing Corporate Value (1997)

Harold Demsetz, Ownership Control and the Firm (1988)

Frank H. Easterbrook & Daniel R. Fischel, The Economic Structure of Corporate Law (1991)

Daniel R. Fischel, Payback: The Conspiracy to Destroy Michael Milken and His Financial Revolution (1995)

Franklin A. Gevurtz, Corporation Law (2000)

Thomas Lee Hazen, The Law of Securities Regulation (4th ed. 2002)

Edward S. Herman, Corporate Control, Corporate Power (1981)

Michael T. Jacobs, Break the Wall Street Rule: Outperforming the Stock Market by Investing as An Owner (1993)

Richard W. Jennings, Harold Marsh, Jr., John C. Coffee, Jr. & Joel Seligman eds.,, Federal Securities Law: Selected Statutes, Rules and Forms (2001)

Charles J. Johnson, Jr. & Joseph McLaughlin, Corporate Finance and the Securities Law 118 (2nd ed.1997)

Charles R. T. O'Kelley & Robert B. Thompson, eds., Corporations and Other Business Associations: Selected Statutes, Rules, and Forms (1999)

Venrice R. Palmer, Initiating A Corporate Compliance Program, in Corporate Compliance 2000 at 67 (PLI Corporate Law and Practice

Course, Handbook Series No. B0-00L2, 2000)
Richard A. Posner & Kenneth E. Scott eds., Economics of Corporation Law and Securities Regulation (1980)
James B. Stewart, Den of Thieves (1992)
Roberta Romano ed., Foundations of Corporate Law (1993)
Oliver E. Williamson, The Economic Institutions of Capitalism (1985)
Oliver E. Williamson & Sidney G. Winter eds., The Nature of the Firm: Origins, Evolution, and Development (1993)

英文論文與報告

William T. Allen, Jack B. Jacobs, and Leo E. Strine, Jr., Function Over Form: A Reassessment of Standards of Review in Delaware Corporation Law, 56 The Business Lawyer 1287 (2001)
Yakov Amihud, Kenneth Garbade, and Marcel Kahan, A New Governance Structure for Corporate Bonds, 51 Stanford Law Review 447 (1999)
Thomas J. Andre, Jr., Some Reflections on German Corporate Governance: A Glimpse at German Supervisory Board, 70 Tulane Law. Review 1819 (1996)
Stephen M. Bainbrdige, A Critique of the NYSE's Director Independence Listing Standards (2002) (UCLA School of Law Research Paper No. 02-15)
______, Director Primacy: The Means and Ends of Corporate Governance (2002) (UCLA School of Law Research Paper No. 02-06)
Theodor Baums, Company Law Reform in Germany, Conference on Company Law Reform, University of Cambridge (Jul. 4, 2002)
Lucian Arye Bebchuk, Jesse M. Fried, and David I. Walker, Managerial Power and Rent Extraction in the Design of Executive Compensation,

69 University of Chicago Law Review 751 (2002)

Adolph A. Berle, Corporate Powers as Powers in Trust, 44 Harvard Law Review 1049 (1931)

______, For Whom Corporate Managers Are Trustees: A Note, 45 Harvard Law Review 1365 (1932)

Jayne W. Bernard, Institutional Investors and the New Corporate Governance, 69 North Carolina Law Review 1135 (1991)

Sanjai Bhagat & Bernard Black, The Non-Correlation Between Board Performance and Long-Term Performance, 27 J. Corp. L. 231 (2002)

Neil Bhattacharya, Ervin L. Black, Theodore E. Christensen, and Chad R. Larson, Assessing the Relative Informativeness and Permanence of Pro Forma Earnings and GAAP Operating Earnings (May 2002) (working paper on file with the Social Science Research Network)

Bernard S. Black, Agents Watch Agents: The Promise of Institutional Investor Voice, 39 UCLA Law Review 811 (1992)

Bernard S. Black & John C. Coffee, Jr., Hail Britannia? Institutional Investor under Limited Regulation, 92 Michigan Law Review 1997 (1994)

Margaret M. Blair & Lynn A. Stout, A Team Production Theory of Corporate Law Business Organization: An Introduction, 24 Corporate Law Review 751 (1999)

H. Lowell Brown, The Corporate Director's Compliance Oversight Responsibility in the Post Caremark Era, 26 Delaware Journal of Corporate Law 1 (2001)

David Charny, The German Corporate Governance System, 1988 Columbia Law Review 145 (1998)

John C. Coffee, Jr., Market Failure and the Economic Case for A Mandatory Disclosure System, 70 Va. L. Rev. 717 (1984)

E. Merrick Dodd, Jr., For Whom Are Corporate Managers Trustees? 45 Harvard Law Review 1145 (1932)

Melvin A. Eisenberg, The Board of Directors and Internal Control, 19 Cardozo Law Review 237 (1997)

James A. Fanto, Investor Education, Securities Disclosure, and the Creation and Enforcement of Corporate Governance, 48 Catholic University Law Review 15 (1998)

Daniel R. Fischel, Multidisciplinary Practice, 55 The Business Lawyer 951 (2000)

Kent Greenfield, The Place of Workers in Corporate Law, 39 Boston College Law Review 283 (1998)

Lawrence J. Fox, Accountants, the Hawks of the Professional World: They Foul Our Nest and Theirs Too, Plus Other Ruminations on the Issue of MDPs, 84 Minnesota Law Review 1097 (1999)

______, Dan's World: A Free Enterprise Dream; An Ethics Nightmare, 55 The Business Lawyer 1533 (2000)

Tamar Frankel, Accountants' Independence: The Recent Dilemma, 2000 Columbia Law Review 261 (2000)

Stephen Funk, Comment, In Re Caremark International Inc. Derivative Litigation: Director Behavior, Shareholder Protection, and Corporate Legal Compliance, 22 Delaware Journal of Corporation Law 311 (1997)

Ronald J. Gilson, Lilli A. Gordon, and John Pound, How the Proxy Rules Discourage Constructive Engagement: Regulatory Barriers to Electing A Minority of Directors, 17 Journal of Corporation Law 29 (1991)

Kent Greenfield, The Place of Workers in Corporate Law, 39 Boston College Law Review 283 (1998)

Richard S. Gruner, General Counsel in An Era of Compliance Program, 46 Emory Law Journal 1113 (1997)

Robert H. Hamilton, Corporate Governance in America 1950-2000: Major Changes But Uncertain Benefits, 25 Journal of Corporation Law 349, 351 (2000)

Mary E. Kissane, Note, Global Gadflies: Application and Implementations of U.S.-Style Corporate Governance Abroad, 17 New York Law School Journal of International and Comparative Law 621 (1997)

Peter C. Kostant, Paradigm Regained: How Competition from Accounting Firms May Help Corporate Attorneys to Recapture the Ethical High Ground, 20 Pace Law Review 43 (1999)

Rafael La Porta, Florencio Lopez-de-Silanes, Andrei Shleifer, and Robert W. Vishny, Law and Finance, 106 Journal of Political Finance 1113 (1998)

______, Corporate Ownership around the World, 54 Journal of Finance 471 (1999)

Barbara A. Lougee & Carol A. Marquardt, Earnings Quality and Strategic Disclosure: An Empirical Examination of 'Pro Forma' Earnings (Jan. 2002) (working paper on file with the Social Science Research Network)

Joseph P. Monteleone & Nicholas F. Conca, Directors amd Officers Indemnification and Liability Insurance: An Overview of Legal and Practical Issues, 51 The Business Lawyer 573 (1996)

NYSE, New York Stock Exchange Accountability and Listing Standards Committee (June 6, 2002)

OECD, Corporate Governance in Asia: A Comparative Perspective (2001)

OECD Ad Hoc Force on Corporate Governance, OECD Principles of Corporate Governance (1999)

Permanent Subcommittee on Investigations of the Committee on Governmental Affairs, U.S. Senate, Report on The Role of the Board of Directors in Enron's Collapse (107th Congress 2nd Sess. Report No.107-10) (2002)

Edward B. Rock, Path Dependence and Comparative Corporate Governance: America's Shifting Fascination with Comparative Corporate Governance, 74 Washington University Law Quarterly 367 (1996)

Mark J. Roe, German Codetermination and German Securities Markets, 1998 Columbia Law Review 167 (1998)

______, A Political Theory of American Corporate Finance, 91 Columbia Law Review 10 (1991)

Roberta Romano, The Shareholder Suit: Litigation without Foundation? 7 Journal of Law, Economics & Organization 55 (1992)

Roundtable Discussion, Corporate Governance, 77 Chicago-Kent Law Review 235 (2001)

Carl W. Schneider & Fay A. Dubow, Forward-Looking Information – Navigating in the Safe Harbor, 51 The Business Lawyer 1071 (1996)

Stephen L. Schwarcz, Enron, and the Use and Abuse of Special Purpose Entities in Corporate Structure (2002) (Duke Law School Public Law and Legal Theory Research Paper Series No. 28)

Bernd Singhof & Oliver Seiler, Shareholder Participation in Corporate Decisionmaking Under German Law: A Comparative Analysis, 24 Brooklyn Journal of International Law 493, 510-15 (1998)

Charles W. Wolfram, The ABA and MDPs: Context, History, and Process, 84 Minnesota Law Review 1625 (2000)

中文書籍與研究報告

陸年青、許冀湯譯，Adolph A. Berle 與 Gardiner C. Means 著，現代股份公司與私有財產 (The Modern Corporation and Private Property)(1981)

賴英照，證券交易法逐條釋義第二冊，(1996 年 7 刷)

余雪明，證券交易法（1999 年 11 月初版）

田志龍,經營者監督與激勵:公司治理的理論與實踐(1999年6月1 刷)

林炳滄，內部稽核理論與實務（2002 年 3 月版）

楊家璋、張子，經營權爭霸：企業敵意購併攻防戰（2001 年 11 月初版）

吳琮璠，審計學—新觀念與本土化（2001 年 7 月再版）

杜景林、盧諶譯，德國股份法・德國有限責任法・德國公司改組法・德國參與決定法（2000 年 1 月初版 1 刷）

劉紹樑，從莊子到安隆—A+公司治理（2002 年 12 月初版 1 刷）

中文論文與研究報告

余雪明，退休基金法之比較研究（總論）（行政院國家科學委員會委託研究報告，計畫編號：NCS 88-2414-H-002-006）(1999 年 12 月) ______，退休基金法之比較研究（各論）（行政院國家科學委員會委託研究報告，計畫編號：NCS 89-2414-H-002-005）(2000 年 12 月)

劉連煜、林國全，股東會通訊投票制度之研究（台灣證券集中保管股份有限公司委託研究報告）（1997 年 12 月）

黃銘傑，公司監控與監察人制度改革論，第二屆產業經濟研討會—公司控制論文集，國立中央大學產業經濟研究所，1999 年 6 月 25 日________，從安隆案看我國會計師民事責任，月旦法學

第 85 期，p.105，2002
易明秋，論公司法之累積投票制（上），軍法專刊第 39 卷第 12 期，pp. 15-19，1993 年.12 月；（下），軍法專刊第 40 卷第 1 期，pp.20-24，1994 年 1 月
易明秋，公司控制之失靈與法制改革」，第二屆產業經濟研討會—公司控制論文集，國立中央大學產業經濟研究所，1999 年 6 月 25 日
賴榮崇，美國、馬來西亞、新加坡及我國財務預測制度簡介，p. 9-16，證交資料第 449 期，1999 年 9 月

主要網路資訊

http://www.sec.gov （美國證管會）
http://www.findlaw.com （美國法律入口、新聞與綜合網站）
http://www.oecd.org （國際經合組織）
http://www.tse.com.tw （台灣證券交易所）
http://wjirs.judicial.gov.tw （司法院法學資料全文檢索系統）
http://www.ssrn.com （美國社會科學研究網）
http://www.nasdr.com（美國證券商公會）
http://www.nyse.com（紐約證券交易所）
http://www.standardandpoors（標準普爾公司）
http://www.law.cornell.edu （康乃爾大學法學院）
http://www.sfc.gov.tw （財政部證期會）
http://www.selaw.com.tw（法源證券期貨法令查詢系統）

其他主要新聞資訊

中國時報、經濟日報、天下半月刊、商業週刊、U.S. News & World Report、The Economists、Reuters、Associated Press

公 司 治 理

作　者／易明秋博士
執行編輯／李茂德
出 版 者／弘智文化事業有限公司
登 記 證／局版台業字第 6263 號
地　　址／台北市中正區丹陽街 39 號 1 樓
電　　話／（02）23959178．0936252817
傳　　真／（02）23959913
發 行 人／邱一文
書 店 經 銷／旭昇圖書有限公司
地　　址／台北縣中和市中山路 2 段 352 號 2 樓
電　　話／（02）22451480
傳　　真／（02）22451479
製　　版／信利印製有限公司
版　　次／2003 年 7 月初版一刷
定　　價／350 元

ISBN 957-0453-82-6

國家圖書館出版品預行編目資料

公司治理 / 易明秋著. -- 初版. -- 臺北市 :
弘智文化, 2003[民 92]
面； 公分
參考書目:面
ISBN 957-0453-82-6(平裝)

1. 組織(管理)

494.2　　　92009968

弘智文化價目表

書名	定價		書名	定價
社會心理學（第三版）	700		生涯規劃：掙脫人生的三大桎梏	250
教學心理學	600		心靈塑身	200
生涯諮商理論與實務	658		享受退休	150
健康心理學	500		婚姻的轉捩點	150
金錢心理學	500		協助過動兒	150
平衡演出	500		經營第二春	120
追求未來與過去	550		積極人生十撇步	120
夢想的殿堂	400		賭徒的救生圈	150
心理學：適應環境心靈	700			
兒童發展	出版中		生產與作業管理（精簡版）	600
如何應用兒童發展的知識	出版中		生產與作業管理(上)	500
認知心理學	出版中		生產與作業管理(下)	600
醫護心理學	出版中		管理概論：全面品質管理取向	650
老化與心理健康	390		組織行為管理學	出版中
身體意象	250		國際財務管理	650
人際關係	250		新金融工具	出版中
照護年老的雙親	200		新白領階級	350
諮商概論	600		如何創造影響力	350
兒童遊戲治療法	出版中		財務管理	出版中
認知治療法	出版中		財務資產評價的數量方法一百問	290
家族治療法	出版中		策略管理	390
伴侶治療法	出版中		策略管理個案集	390
教師的諮商技巧	200		服務管理	400
醫師的諮商技巧	出版中		全球化與企業實務	出版中
社工實務的諮商技巧	200		國際管理	700
安寧照護的諮商技巧	200		策略性人力資源管理	出版中
			人力資源策略	出版中

書名	定價		書名	定價
管理品質與人力資源	290		全球化	300
行動學習法	350		五種身體	250
全球的金融市場	500		認識迪士尼	320
公司治理	出版中		社會的麥當勞化	350
人因工程的應用	出版中		網際網路與社會	320
策略性行銷（行銷策略）	400		立法者與詮釋者	290
行銷管理全球觀	600		國際企業與社會	250
服務業的行銷與管理	650		恐怖主義文化	300
餐旅服務業與觀光行銷	690		文化人類學	650
餐飲服務	590		文化基因論	出版中
旅遊與觀光概論	出版中		社會人類學	出版中
休閒與遊憩概論	出版中		購物經驗	出版中
不確定情況下的決策	390		消費文化與現代性	出版中
資料分析、迴歸、與預測	350		全球化與反全球化	出版中
確定情況下的下決策	390		社會資本	出版中
風險管理	400			
專案管理的心法	出版中		陳宇嘉博士主編 14 本社會工作相關著作	出版中
顧客調查的方法與技術	出版中			
品質的最新思潮	出版中		教育哲學	400
全球化物流管理	出版中		特殊兒童教學法	300
製造策略	出版中		如何拿博士學位	220
國際通用的行銷量表	出版中		如何寫評論文章	250
			實務社群	出版中
許長田著「驚爆行銷超限戰」	出版中			
許長田著「開啟企業新聖戰」	出版中		現實主義與國際關係	300
許長田著「不做總統，就做廣告企劃」	出版中		人權與國際關係	300
			國家與國際關係	出版中
社會學：全球性的觀點	650			
紀登斯的社會學	出版中		統計學	400

書名	定價		書名	定價
類別與受限依變項的迴歸統計模式	400		政策研究方法論	200
機率的樂趣	300		焦點團體	250
			個案研究	300
策略的賽局	550		醫療保健研究法	250
計量經濟學	出版中		解釋性互動論	250
經濟學的伊索寓言	出版中		事件史分析	250
			次級資料研究法	220
電路學（上）	400		企業研究法	出版中
新興的資訊科技	450		抽樣實務	出版中
電路學（下）	350		審核與後設評估之聯結	出版中
電腦網路與網際網路	290			
應用性社會研究的倫理與價值	220		書僮文化價目表	
社會研究的後設分析程序	250			
量表的發展	200		台灣五十年來的五十本好書	220
改進調查問題：設計與評估	300		２００２年好書推薦	250
標準化的調查訪問	220		書海拾貝	220
研究文獻之回顧與整合	250		替你讀經典：社會人文篇	250
參與觀察法	200		替你讀經典:讀書心得與寫作範例篇	230
調查研究方法	250			
電話調查方法	320		生命魔法書	220
郵寄問卷調查	250		賽加的魔幻世界	250
生產力之衡量	200			
民族誌學	250